BIM量筋合一算量

曹 杰 李 媛 主 编
武海勇 张荣建 副主编

化学工业出版社

·北京·

本书主要介绍量筋合一 BIM 算量软件的建模应用、CAD 转化以及与建设工程计价软件 PT2018 软件的接口。软件结合清单计价规范、《建筑工程消耗量定额》《装饰工程消耗量定额》、16G101 系列钢筋平法图集、中关于工程量计算、钢筋规则等内容，适用于编制工程预结算、招标投标工作中的工程量及钢筋量计算。

本书是本科院校、高职高专、中职院校工程造价、工程管理等专业的教材，同时可作为建筑类其他相关专业的教材和教学参考书，也可供从事土建专业设计和施工的人员以及成人教育的师生参考。

图书在版编目（CIP）数据

BIM 量筋合一算量 / 曹杰，李媛主编. —北京：化学工业出版社，2018.12（2023.2 重印）
ISBN 978-7-122-33357-5

Ⅰ．①B⋯　Ⅱ．①曹⋯ ②李⋯　Ⅲ．①建筑工程-工程造价-应用软件　Ⅳ．①TU723.32-39

中国版本图书馆 CIP 数据核字（2018）第 273024 号

责任编辑：王文峡
责任校对：王素芹　　　　　　　　　　装帧设计：刘丽华

出版发行：化学工业出版社（北京市东城区青年湖南街 13 号　邮政编码 100011）
印　　装：北京科印技术咨询服务有限公司数码印刷分部
787mm×1092mm　1/16　印张 12　字数 297 千字　2023 年 2 月北京第 1 版第 3 次印刷

购书咨询：010-64518888　　　　　　　　售后服务：010-64518899
网　　址：http://www.cip.com.cn
凡购买本书，如有缺损质量问题，本社销售中心负责调换。

定　　价：49.00 元

编审委员会

前言

PREFACE

随着建筑行业的发展，对从业者的职业素质要求越来越高。能够熟练使用工程造价实用软件是从业者的必备技能。工程造价软件应用的方便性、灵活性、快捷性大大提高了工程造价从业者的效率，推进了行业的快速发展，造价软件的使用和推广成为当今工程造价的发展方向。

本书共8章，主要讲解BIM量筋合一算量软件的操作使用以及计价软件。本书兼顾软件基础操作与案例教学，并有配套图纸、教学视频、教学PPT供使用。

本书结合学生实际情况编写，便于学生学习和掌握。本书由承德石油高等专科学校曹杰、河北地质大学李媛主编。其中第1章由河北环境工程学院王丽芸编写，第2章由沧州职业技术学院武海勇编写，第3章由承德石油高等专科学校曹杰编写，第4章由唐山劳动技师学院孟凡新编写，第5章由河北地质大学李媛编写，第6章由秦皇岛职业技术学院张荣建编写，第7章由华北理工大学田杰芳编写，第8章由河北机电职业技术学院杜聚强编写。

本书在编写过程中，刘辉芳、武丽霞、李艳萍、王争、王艳、马建良、郭立兵、刘向宁、高雪娟对本书的编写提出了宝贵的意见和建议，提供了帮助，河北新奔腾软件有限公司和山西海盛软件有限公司给予了大力的技能支持和帮助，国内一些高职高专院校老师也提出了很多宝贵建议，使本书体系和内容更符合教学需要。在此，特向他们表示诚挚的感谢。

由于编者水平有限，书中不妥和疏漏之处，恳请广大读者批评指正。

编　者
2019 年 1 月

目录

CONTENTS

第4章　工具栏命令详解

第5章　表格算量

第6章　报表预览和导出数据

第7章　量筋合一 CAD 转化

第8章　工程建模实例

附录

第❶章

软件的安装和运行

1.1　软件运行环境

硬件与软件	最低配置	推荐配置
CPU 处理器	奔腾 G5400 3.7GHz	I3-8100 3.6GHz 或以上
内存	DDR3，2GB	DDR3，4GB 或以上
硬盘	安装需要 500MB 空间	安装需要 500MB 空间
显示器	彩色显示器，分辨率 1366×768，32 位真彩	彩色显示器，分辨率 1440×900 或以上，32 位真彩或以上，配置较强性能的独立显卡
鼠标	PC 标准鼠标	PC 标准鼠标
键盘	PC 标准键盘	PC 标准键盘
操作系统	Windows XP	Win7 或以上
打印机	各种喷墨和激光打印机	各种喷墨和激光打印机

1.2　软件安装方法

运行光盘中的软件安装文件"【新奔腾·量筋合一】"，首先出现安装提示框（如图 1-1 所示）。

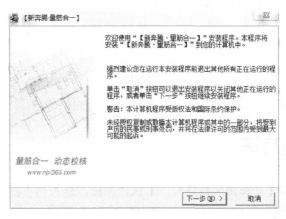

图 1-1

点击"下一步"，出现许可协议对话框，选择"同意"软件会自动继续安装软件，选择"拒绝"软件将结束软件的安装。

选择"同意"后，出现安装路径对话框（如图 1-2 所示）。

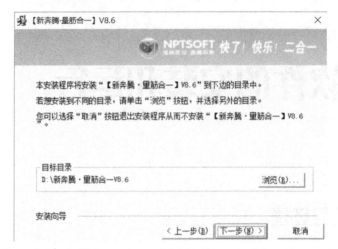

图 1-2

软件默认的安装路径为"D:\ 新奔腾·量筋合一 V8.6"，如果需要将软件安装到其他路径，请点击"浏览"，设置好安装路径后，点击"下一步"，出现安装提示框；按提示点击"下一步"，直至出现软件安装进度界面（如图 1-3 所示）。

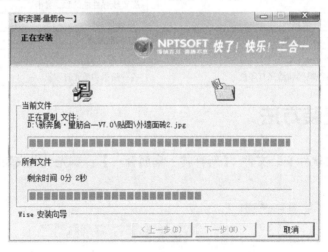

图 1-3

安装完成后，出现安装完成对话框，点击"完成"即可。

1.3 软件启动方法

左键双击桌面上的【新奔腾·量筋合一】软件图标，进入到【新奔腾量筋合一】软件的欢迎界面（如图 1-4 所示）。

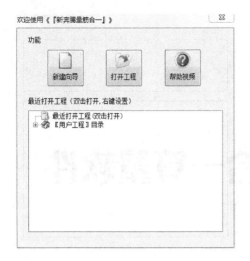

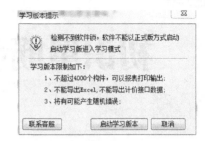

图 1-4   图 1-5

【注意】

1）如果加密锁没有插好，或加密锁接口有问题，在开始的界面会弹出提示，当前版本为学习版，如图 1-5 所示，需要检查一下加密锁是否已经正确连接至 USB 接口。

2）软件以学习版运行时，会有构件个数和功能的限制（如图 1-5 所示）。

1.4 软件退出方法

如果想退出系统，可以点击软件左上角的按钮，再弹出的下拉菜单中选择"关闭工程"命令。

第❷章

初识量筋合一算量软件

2.1 软件综述

量筋合一算量软件是自主研发的新一代主流算量平台软件。软件采用自主创新的数据库平台和三维图形平台技术，突破了当前算量软件中"工程量、钢筋分离建模、互导效率低、CAD 导图识别率低、汇总计算慢、计算准度差、学习掌握难"等技术瓶颈，将算量软件技术推向"高速建模、精准导图、高速出量、精准查量、简单易学"的高度，是算量软件技术发展十几年来的又一次技术革新。

2.2 软件特点

2.2.1 高速建模

（1）量筋合一模式下，构件工程量与钢筋数据模型完全共享，属性定义或修改一次完成，一次看图，一次建模，导出土建工程量和钢筋量，不需要进行工程量与钢筋互导；

（2）软件自带 CAD 图纸管理系统，CAD 转化识别建模速度快，识别率高，纠错功能强。

2.2.2 高速出量

（1）采用实时计算技术，画完构件即可查看构件工程量和钢筋量，不需等待计算过程；

（2）整体汇总因为省去构件计算时间，汇总时间极快；

（2）模型需要修改重新汇总只计算修改部分，重算速度极快。

2.2.3 精准计算

采用三维实体扣减技术，精准计算异形构件、土方、基础等复杂工程量和钢筋量。

2.2.4 三维查量

采用构件工程量钢筋计算结果与三维实体、计算公式"三位一体"的一一对应直观显示反查技术，可全方位、精准核查构件数据来源及其计算过程。

2.2.5　易上手

（1）采用操作命令分区布置模式，初学者或者用户均不需记忆，按照惯性思维即可找到操作命令，快速掌握整个操作；

（2）画图区域最大化设计，保证用户最佳的建模视觉；

（3）智能捕捉设置，构件按属性搜索、查找，清单自动匹配，定额自动套用，批量换算等人性化功能，让算量软件更易操作，更具价值。

2.3　软件界面及功能介绍

如图 2-1 所示，软件界面及功能分别如下。

标题栏——标题栏从左向右分别显示新奔腾量筋合一的图标、当前所操作的工程文件的名称（软件工程基本信息中的工程名称及存储路径）、最小化、最大化、关闭按钮。

菜单栏——主要显示各个菜单下面的分菜单。

命令栏——这种形象而又直观的图标形式，只需单击相应的图标就可以执行相应的操作，从而提高绘图效率，在实际绘图中非常有用，依次为"工程设置、汇总计算、绘图编辑、绘图公共、CAD 识别、视图、修改和公共"。

状态切换按钮——在"建模"状态下为常用的绘制构件界面；在"图纸"状态下为根据 CAD 图纸进行识别转化的界面；在"表格算量"状态下则为传统表格法算量和构件法钢筋的界面。

构件管理栏——可以在这里进行各个构件类型或各个构件之间的切换。

构件属性栏——在这里显示构件管理栏里的某一类构件属性。

详细属性栏——在这里显示构件的详细属性。

绘图区——绘图区使用户进行绘图的区域。

状态栏——显示加密锁号以及绘制状态下的命令提示。

绘制设置栏——在这里可以设置轴号的动态显示、正交、动态、图纸、分层、提示和编号控制。

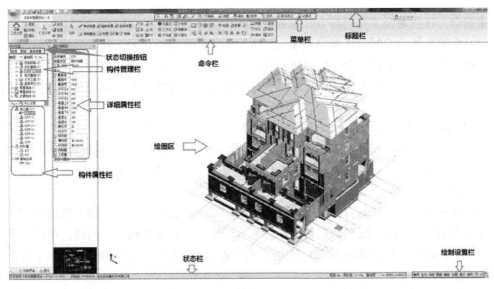

图 2-1

2.4 软件的工作原理

2.4.1 算量平面图与构件属性介绍

2.4.1.1 算量平面图

算量平面图是指使用量筋合一算量软件计算建筑工程的工程量时，要求在量筋合一算量界面中建立的一个工程模型图，它不仅包括建筑施工图上的内容，如所有的墙体、门窗、装饰灯，所用材料和施工做法，还包括接受施工图上的内容，如柱、梁、板、基础等构件的精确尺寸、标高以及其钢筋的所有信息。

平面图能够最有效的表达建筑物及其构件，精确的图形才能表达精确的工程模型，才能得到精确的工程量计算结果。

如图 2-2 所示，不正确绘制的墙体未能正确相交，将造成该转角处的钢筋计算错误以及外墙面装饰的计算错误，而绘制正确的墙体才能进行正确的计算。

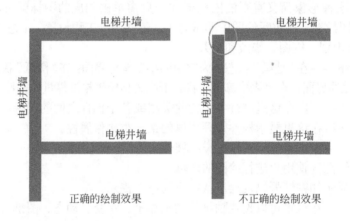

图 2-2

量筋合一软件遵循工程的特点和习惯，把构件分成四类。

（1）骨架构件：绘制时需要精确定位。骨架构件的精确定位是工程量准确计算的保证，即骨架构件的不正确定位，会导致附属构件、区域构件，如柱、墙、梁等。

（2）寄生构件：需要在骨架构件绘制完成的情况下，才能绘制。如门窗、过梁、墙柱面装饰等。

【注意事项】在实际工程中，如果没有墙体，就不可能存在门窗，所以，门窗就是寄生在墙体上的构件，过梁是寄生在门窗上的构件，量筋合一算量软件同样也遵循这种寄生原则。

（3）半寄生构件：即可以在骨架构件绘制完成后智能布置，也可以自由绘制的构件，如圈梁、条基等。

（4）区域型构件：软件可以根据骨架构件自动找出其边界，从而自动形成这些构件。例如，楼板是由墙体、柱、梁形成的封闭形区域，当墙、柱、梁等构件。同样，房间、天棚、楼地面、墙面装饰也是由墙体围成的封闭区域，建立起了墙体，等于自动建立起了楼板、房间等"区域形"构件。

为了编辑方便，在图形中，"区域型"构件用形象的符号来表示，如图 2-3 所示，是一张量筋合一算量软件平面图的局部，图中除了墙、梁等与施工图中相同的构件以外，还是施工图中所没有的符号，用这些符号作为"区域型"构件的形象表示。几种符号分别代表内墙面、天棚、地面、吊顶等。

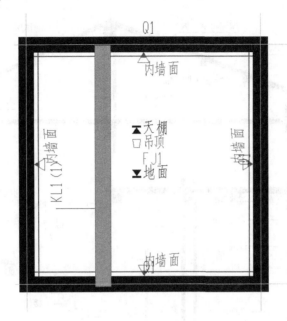

图 2-3

2.4.1.2　构件属性

在创建的算量平面图中，是以构件作为组织对象的,因而每一个构件都不允许具有自己的属性。

构件属性就是指构件在算量平面图上不易表达的,工程量计算时又必需的构件信息。

构件属性主要分为四类。

（1）物理属性　主要是构件的标识信息，如构件的名称、材质、钢筋信息等。

（2）几何属性　主要是指与构件本身几何尺寸有关的数据信息，如长度、高度、面积、体积、断面形状等。

（3）扩展几何属性　主要指由于构件的空间位置关系而产生的数据信息，如工程量的调整值等。

（4）清单（定额）属性　主要记录该构件的工程做法，即套用的相关清单（定额信息），实际上也就是对计算规则的选择。

构件的属性一旦赋予后，并不是不可变的，用户可以通过【属性】按钮，对相关构件的属性进行编辑、调整或重新定义。

2.4.2　算量平面图与楼层的关系

2.4.2.1　楼层包含的内容

一张"量筋合一算量"平面图即表示一个楼层中的建筑、结构构件，如果是几个标准层，则表示几个楼层中的建筑、结构构件。

一张算量平面图中究竟表达了哪些构件呢？图 2-4（a）、图 2-4（b）、图 2-4（c）分别表示了顶层算量平面图、中间某层算量平面图、基础算量平面图中所表达的构件及其在空间的位置。

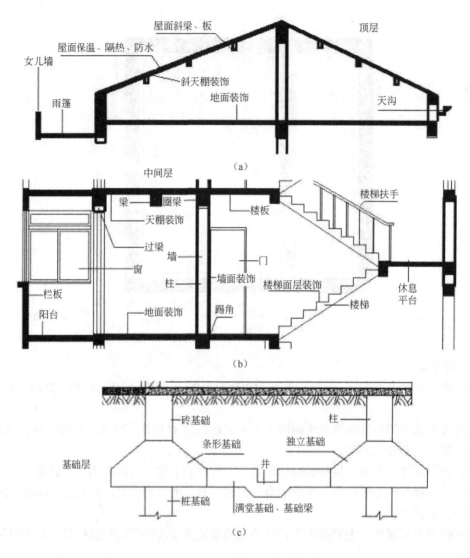

图 2-4

2.4.2.2 楼层的划分原则与楼层编号

对于一个实际工程，需要按照以下原则划分出不同的楼层，以分别建立起对应的算量平面图，楼层用编号表示，如图 2-5 所示。

1）基础层　表示基础层。

2）第–2 层、第–1 层　表示地下第二层和地下第一层。

3）首层　表示地上的第一层。

4）第 2～6 层　表示从地上的第二层到第六层。

5）第 7 层　表示地上的第七层。

| ①工程信息 | ②楼层设置 | ③楼层参数设置 | ★【工程算量】设置 | ★【钢筋算量】设置 |

工程楼层设置（为空楼层名称自动变化，已经绘制图元楼层名称请手动修改）

| 插入楼层 | ✗删除楼层 | 添加区域 | ↑上移 | ↓下移 | 楼层复制 | 工程拼接 | 设为当... |

编码	楼层名称	层高(m)	层数	楼地面标高(m)	固定	层类型	建筑面积(m2)	备注	共用主轴
	日默认工程			总:20.2米	☐				☐
7(空)	一第7层	2	1	18.2	☐				☑
2~6层	一第2~6层		5	3.2	☐				☑
1	一首层	3.2	1	0	☑				☑
-1(空)	一第-1层	3	1	-3	☐				☐
-2(空)	一第-2层	3	1	-6	☐				☐
0(空)	一基础层	0	1	-6	☐				☑

图 2-5

【注意事项】 为了绘制方便，一般把顶层（有女儿墙或斜坡屋面等构件）单独列为一层。

算量平面图中构件名称说明：从上面的图中可以看到，在算量平面图中，每一个构件都有一个名称。

在量筋合一算量软件中，构件的编号可以由软件自动命名，命名方法见下表，也可以由用户自己命名，但必须注意，在每一层的构件属性栏中，不允许出现相同名称的同类构件。表2-1 为构件及其命名规则。

表 2-1 构件及其命名规则

	构件	命名规则		构件	命名规则		构件	命名规则
墙	混凝土墙	Q+序号	装饰	房间	FJ+序号	楼梯	楼梯平面	LT+序号
	砖墙	QT+序号		楼地面	DM+序号		参数楼梯	LT+序号
	间壁墙	JBQ+序号		踢脚	TJ+序号		休息平台	PT+序号
	玻璃幕墙	MQ+序号		墙裙	QQ+序号		直行梯段	ZLT+序号
	虚墙	XQ+序号		内墙面	NZS+序号		螺旋梯段	HLT+序号
	外边线	WBX+序号		外墙面	WZS+序号		栏杆	LG+序号
	人防门框墙	Q+序号		柱面	ZM+序号	门窗洞	门	M+序号
柱	混凝土柱	KZ+序号		天棚	TP+序号		窗	C+序号
	暗柱	AZ+序号		吊顶	DD+序号		洞	D+序号
	构造柱	GZ+序号		保温层	BWC+序号		门连窗	MLC+序号
	砖柱	Z+序号		屋面	WM+序号		壁龛	BK+序号
	砌体加筋	QTJJ+序号		装饰线条	ZSXT+序号		飘窗	PC+序号
	柱帽	ZM+序号		装饰立面	ZSLM+序号		带型窗	带型窗+序号
	墙柱扩展区	KZQ+序号		屋脊线	WJX+序号		带型飘窗	带型飘窗+序号
	门垛	MD+序号	满堂基础	筏板基础	FB+序号		老虎窗	NHC+序号
梁	框架梁	KL+序号		筏板洞	FBD+序号	零星构件	构件加腋	JY+序号
	次梁	L+序号		基础主梁	JZL+序号		台阶	TJIE+序号
	独立梁	L+序号		基础次梁	HCL+序号		坡道	PD+序号
	圈梁	QL+序号		集水井	JK+序号		散水	SS+序号
	过梁	GL+序号		排水沟	JC+序号		地沟	DG+序号
	预制过梁	YZGL+序号		柱墩	ZD+序号		后浇带	HJD+序号
	窗台梁	CTL+序号		条形加厚	JH+序号		脚手架	JSJ+序号
	暗梁	AL+序号		筏板高差	JCDJ+序号		天井	TJIN+序号

续表

构件		命名规则	构件		命名规则	构件		命名规则
梁	连梁	LL+序号	筏板钢筋	筏板底筋	FBDJ+序号	零星构件	平整场地	PZCD+序号
	防水反坎	FK+序号		筏板面筋	FBMJ+序号		建筑面积	JZMJ+序号
板	现浇板	B+序号		筏板中层筋	FBZJCJ+序号	土方	基槽土方	JC+序号
	预制板	YZB+序号		非贯通筋	FBFJ+序号		基坑土方	JK+序号
	板洞	BD+序号		柱下板带	FBZSBJ+序号		大开挖	DKW+序号
板筋	底筋	DJ+序号		跨中板带	FBKZBJ+序号		地下室范围	DXS+序号
	面筋	MJ+序号		筏板撑筋	FBCJJ+序号		房心回填	FXHT+序号
	跨板面筋	KBMJ+序号		U 形封边筋	UXFBJ+序号	垫层	砖胎膜	TM+序号
	支座负筋	ZZFJ+序号	条基	混凝土条基	TJ+序号		条形垫层	DC+序号
	温度筋	WDJ+序号		砖条基	ZTJ+序号		独立垫层	DC+序号
	柱上板带	ZSBJ+序号	独立基	独立基	DJ+序号		满堂垫层	DC+序号
	跨中板带	KZBJ+序号		杯形基	BJ+序号	零星悬挑	阳台	YT+序号
	撑筋	CJJ+序号		基础连梁	JLL+序号		雨棚	YP+序号
扩展构件	自定义点	DI+序号	桩基础	挖孔桩	ZJ+序号		挑檐	TY+序号
	自定义线	XI+序号		其他桩	WKZ+序号		栏杆	LG+序号
	自定义面	MI+序号		桩承台	CT+序号		线式构件	TY+序号
	自定义体	TI+序号		梁式承台	CTL+序号		立式构件	YT+序号
							参数构件	YP+序号

2.4.3　算量软件结果的输出

量筋合一算量软件提供两种计算结果的输出方式，即表格输出和预算接口输出。

2.5　建模

2.5.1　建模包含内容

建模主要包括两个方面的内容。

（1）定义每种构件的属性：构件类别不同，具体的属性不同，其中相同的是清单和定额的查套机制，可以灵活运用。

（2）绘制算量平面图：主要是确定墙体、梁、柱、门窗、过梁、基础等骨架构件及其寄生构件的平面位置，其他构件由软件自动确定。

2.5.2　建模的顺序

可以根据自己的爱好，选择以下三种建模顺序，完成建模工作：

1）绘制算量平面图，再定义构件的属性。

2）定义构件的属性，再绘制算量平面图。

3）在绘制算量平面图的过程中，同时定义构件的属性。

技巧：对于门窗、柱、梁等构件个数较多的工程，在熟悉完图纸后，一次性的将这些构件的尺寸信息和钢筋信息定义好，这样可以在提高绘制速度的同时还能保证不遗漏构件。

2.5.3　建模的原则

1）需要用图形法计算工程量及钢筋的构件，必须绘制到算量平面图中。

量筋合一算量软件在计算工程量时，若在算量平面图中找不到的构件就不会被计算，即便用户可能已经定义了该构件的属性名称和具体的属性内容。

2）绘制算量平面图上的构件，必须有属性名称及完整的属性内容。

若需要含有清单或定额的报表，那绘制在算量平面图上的构件则必须套取好相应的清单或定额；

若绘制在算量平面图上的构件没有套取好相应的清单或定额，那只能选取实物工程量表。

【注意事项】构件的钢筋所需套取的相关钢筋定额在量筋合一算量软件中可以自动套取，不需再另行套取。

3）准备汇总计算之前，请使用"刷新"和"构件数据检查"功能。

为保证用户已建立模型的正确性，保护用户的劳动成果，请使用刷新，因在画图过程中，软件为了保证绘图的速度，没有采用"自动刷新"的过程。"构件数据检查"功能将自动纠正计算模型中的一些错误。

【注意事项】自动刷新只能刷新除区域构件以外的其他构件，如果在形成区域型构件之后改动了墙体或梁，区域型构件需做相应的改动（重新生成或者移动边界）。

4）灵活掌握，合理运用。

量筋合一算量软件提供"网状"的构件绘制命令：达到同一个目的可以使用不同的命令，具体选择哪一种更为合适，可随用户的熟练程度与操作习惯而定。例如，布置柱的命令有单点布置、按轴线布置、按墙交点布置、按梁交点布置、按独基布置、按桩布置、按桩承台布置等命令，各有其方便之处，其中奥妙有待各位根据实际工程中的需求和自己的操作习惯细细品味。

2.6 工程蓝图与量筋合一算量软件的关系

2.6.1 理解并适应量筋合一算量软件计算工程量的特点

在使用算量软件计算工程量时，蓝图的使用频率直接影响着工作的效率和舒适程度，这也是为什么把"蓝图的使用"当做一个问题加以说明的原因。

设计单位提供的施工蓝图是计算工程量的依据，手工计算工程量时，一般要经过熟悉图纸、列项、计算等几个步骤，在这几个过程中，蓝图的使用是比较频繁的，要反复查看所有的施工图以找到所需要的信息。而在使用传统的算量软件时，由于受土建算量和钢筋算量软件都是独立的一个软件的先天限制，用户同样也是需要反复地查看相关的施工图，也就是说，在使用传统的钢筋算量软件过程中需要看结构的施工图，而在使用传统的土建算量软件过程中除了查看建筑的施工图，也需要反复查看结构的施工图，这样的工作效率势必是低效和烦琐的！

在使用量筋合一算量软件计算工程量时，即不需要像手工计算时那样复杂，也不需要像传统的土建算量和钢筋算量软件那样反复地查看施工图，只需要看一次图，把构件的相关土建信息和钢筋信息一起整理并定义好即可！

2.6.2 蓝图的使用与量筋合一算量软件建模进度的对应关系

在建立模型的过程中，可以依据单张的蓝图进行工作，特别是在绘制算量平面图时，暂时用不到的图纸可以不必理会，表 2-2 是蓝图与工程进度的关系。

表 2-2　蓝图与工程进度的关系

序号	蓝 图 内 容	对应软件操作	备　　注
1	建筑、结构总说明图和典型剖面图	工程设置，楼层的层数和层高	确定工程的构件混凝土、砂浆的等级；确定工程的抗震等级及钢筋的基本信息
2	结施：一层结构平面图	混凝土墙、柱、梁、板等	准确建立骨架构件，布置构件时，可考虑按纵向、横向布置，这样不易遗漏构件
3	建施：一层平面图	绘制砌体墙、门窗等	配合使用门窗表、剖面图、墙身节点详图、其他节点详图
4	结施：结构总说明图	绘制构造柱、过梁、圈梁等二次结构构件	可利用软件中的智能布置功能更快、更准确的布置相关构件
5	建施：房间的工程做法图	布置房间装饰	可利用智能布置功能也可一一单点布置
6	建筑剖面、结构详图	调整构件的高度	修改与当前楼层高度、缺省设置高度不相符的构件高度

完成了表 2-2 中的步骤后，第一个算量平面图的建模工作就完成了，按照这样的顺序完成全部楼层的算量平面图以后，对图纸的了解也就比较全面了，各种构件的工程量应该如何计算，已经心中有数，为下一步的汇总计算后的查询工程量奠定了基础。

【注意事项】

1）装饰工程一般都是在本层其他构件布置完后最后再布置，因为装饰工程中的构件基本都以区域型构件为主，若布置完装饰工程后再修改骨架构件，装饰工程还需要刷新或手工调整。

2）有些用户的习惯是先做完工程中所有楼层的主体结构后，再做砌体结构和二次结构，即做完一层的主体结构后，直接做二层的主体结构。依次类推，等将所有主体结构都做完后，再开始布置砌体和二次结构，这种方法和实际施工中的流程是基本一致的，在量筋合一软件中也是支持的，可以根据工程的特点和自己的操作习惯灵活运用。

第 **3** 章

构件的属性定义常用绘制和修改的基本命令

在熟悉了软件界面和工作流程后，就正式进入到软件的基本命令操作阶段，本章主要针对软件的操作步骤进行详细的讲解。

3.1 新建工程及工程设置

3.1.1 新建工程

1）双击桌面的【新奔腾量筋合一】图标，会弹出新建和打开工程界面，如图 3-1 所示。

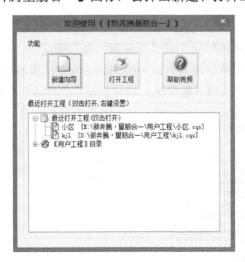

图 3-1

新建向导：新建一个工程；

打开工程：找到以前工程文件保存路径，打开以前的工程；

最近打开工程：软件会自动记录最近打开过的工程，双击即可打开以方便用户。

2）输入工程名称，选择工程模板，点击确认即完成新建工程，如图 3-2 所示。

图 3-2

工程模板中包含了清单、定额及相应的计算规则，还根据清单定额中的混凝土类型、砂浆类型和模板类型等分为六类，工程模板说明中有详细介绍。

【注意事项】工程模板的选择和软件的自动套定额有关系，按工程的实际情况正确地选择相应的工程模板，可以更快速准确地套取相应的清单和定额。

3.1.2 工程设置

3.1.2.1 工程信息

操作模式设置：软件默认的操作模式为量筋二合一模式。

抗震等级：根据工程图纸信息录入。如果图纸中没有抗震等级的信息，可查找设防烈度和檐高信息进行录入，软件根据《建筑抗震设计规范》会自动判断抗震等级，如图 3-3 所示。

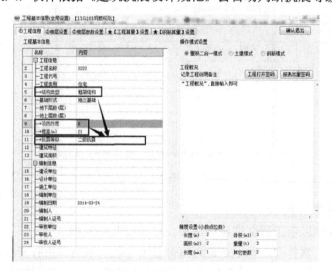

图 3-3

《建筑抗震设计规范》中抗震等级换算如表 3-1 所示。

表 3-1　现浇钢筋混凝土房屋的抗震等级

结构类型		设防烈度									
		6		7			8			9	
框架结构	高度	≤24	>24	≤24	>24		≤24	>24		≤24	
	框架	四	三	三	二		二	一		一	
	大跨度框架	三		二			一				
框架-抗震墙结构	高度/m	≤60	>60	≤24	25~60	>60	≤24	25~60	>60	≤24	25~50
	框架	四	三	四	三	二	三	二	一	二	一
	抗震墙	三		三	二		二	一		一	
抗震墙结构	高度/m	≤80	>80	≤24	25~80	>80	≤24	25~80	>80	≤24	25~60
	抗震墙	四	三	四	三	二	三	二	一	二	一
部分框支抗震墙结构	高度/m	≤80	>80	≤24	25~80	>80	≤24	25~80			
	抗震墙　一般部位	四	三	四	三	二	三	二			
	抗震墙　加强部位	三	二	三	二	一	二	一			
	框支层框架	二		二		一	一				
框架-核心筒结构	框架	三		二			一				
	核心筒	二		二			一				
筒中筒结构	外筒	三		二			一				
	内筒	三		二			一				
板柱-抗震墙结构	高度/m	≤35	>35	≤35	>35		≤35	>35			
	框架、板柱的柱	三	二	二	二		二	一			
	抗震墙	二	二	二	二		二	一			

3.1.2.2　楼层设置（如图 3-4）

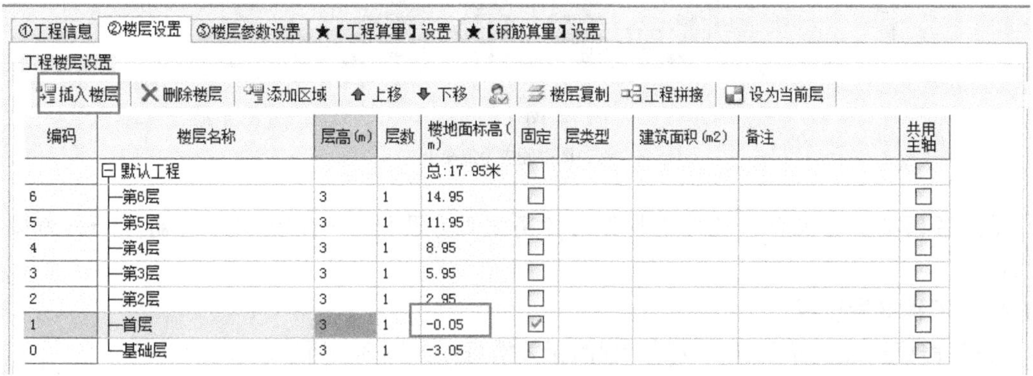

图 3-4

首层的楼地面标高：一般输入为首层结构层标高；

层高：按图纸标注信息直接添入即可，层高的单位为 m。

插入楼层：进行楼层的添加，一般会在当前行的上方插入新的楼层；

标准层的输入方式：只需要在层数栏输入相应的层数即可，如三至五层是标准层，只需要在层数栏输入 3，输入完毕之后软件自动设置标准层"第 3~5 层"，如图 3-5 所示。

图 3-5

3.1.2.3 楼层参数设置

根据工程实际情况设置当前工程的工程算量参数：混凝土类型，混凝土标号，模板类型，浇捣方式；钢筋算量参数：抗震等级，混凝土标号，保护层，接头率和构件标高设置，如图 3-6 所示。

图 3-6

注：图中砼应为混凝土

【注意事项】量筋合一软件中构件的标高方式有两种：一种为工程标高；一种为楼层标高。

3.1.2.4 工程算量设置

在工程算量设置界面可以设置工程的相关信息，如图 3-7 所示。

（1）选择本地或在线云模板：可选择不同省市地区的算量模板。在河北省区域河北省的算量模板已经与工程模板关联，一般不需要修改。

算量模板中关联的内容有清单库、定额库、构件关联匹配、构件做法收藏、计算规则设置、标准图集设置、自动套用做法、外部清单库等。

（2）算量模式：清单模式或定额模式，影响工程构件的清单定额套项设置和报表输出内容。

（3）定额设置方式。

① 定额换算方式：软件默认方式。构件进行套项时可以进行"附注说明处理"的情况设置，设置后在导入计价软件的时候，会同时进行相应造价的处理。

图 3-7

② 定额分类方式：根据各个构件不同的软件内置分类进行区分工程量，设置后在导入计价软件的时候，除混凝土、砌筑砂浆可以自动根据标注进行配比换算外，其他情况需要手工进行造价的相应处理。

（4）超高设置：设置构件的超高起算高度，河北省 2012 定额默认按 3.6m。

（5）设计地坪标高：依照图纸信息录入。影响外墙的保温、装饰量和外墙装饰脚手架的工程量。

（6）自然地坪标高：影响与土方有关的工程量。

（7）墙柱面的装修规则：可以设置柱面的装饰是随墙面还是按自身材质的，软件默认为随墙面的装饰做法。前者，柱面装饰会与墙面做法的工程量汇总统计；后者，柱面装饰的工程量会单独统计。

（8）脚手架的起算高度：河北省 2012 定额脚手架的起算高度为 1.2m。

（9）钢筋的自动套清单分类：软件默认按钢筋的级别和直径自动套取相关的钢筋定额。传统算量软件导入到计价时，钢筋的清单或定额是需要自己手工套取的；量筋合一软件设置了"钢筋自动套"，软件会自动进行清单定额套项，直接汇总到报表中。

（10）复制清单模式做法到定额模式：主要用于清单模式切换为定额模式后，构件套项由清单定额信息转变为只套定额的情况处理。

3.1.2.5 钢筋算量设置

分为钢筋基本设置、钢筋连接设置和钢筋计算设置三个方面，如图 3-8 所示。

钢筋基本设置：设置计算规范（16G、11G 或 03G）、抗震等级；箍筋的计算方法、根数计算规则、定尺长度、钢筋比重等，如图 3-8 所示。

抗震等级：与工程信息中的抗震等级是连动的。

定尺长度：根据定额或者实际进行修改；河北省 2012 定额中规定的定尺长度已在工程模板中设置好。

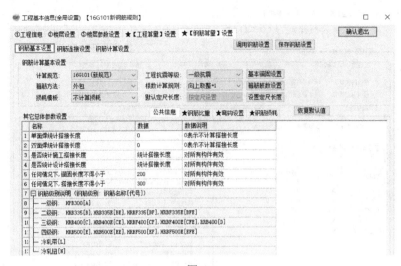

图 3-8

钢筋连接设置：设置钢筋的连接方式是绑扎、套筒还是电渣压力焊等方式，影响钢筋工程量、接头工程量计算，如图 3-9 所示。

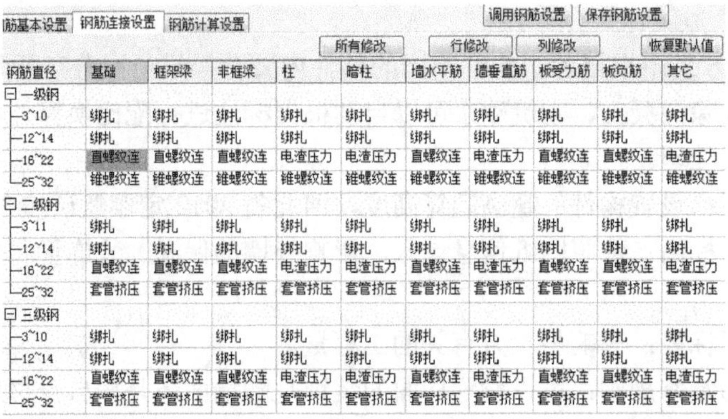

图 3-9

钢筋计算设置：根据结构图等工程实际情况进行构件钢筋的计算规则整体设置，如图 3-10 所示。

图 3-10

3.2 轴网

3.2.1 直线轴网（图 3-11）

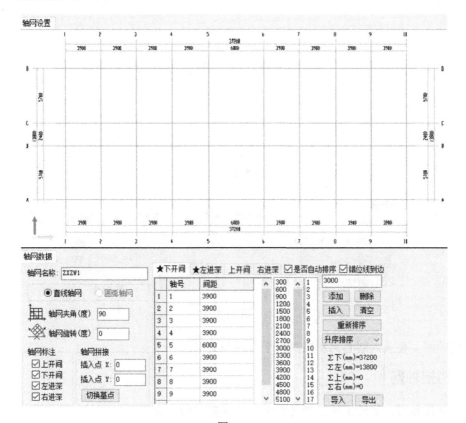

图 3-11

下开间：图纸下方标注轴线的开间尺寸。

上开间：图纸上方标注轴线的开间尺寸，上下开间相同时，此项不用录入。

左进深：图纸左方标注轴线的进深尺寸。

右进深：图纸右方标注轴线的进深尺寸，左右进深相同时，此项不用录入。

是否自动排序：根据起始轴号的名称，自动排列其他轴号的名称。例如，上开间起始轴号为 S1，则其他轴号依次为 S2、S3……；将前面的对钩去掉后，软件将不再自动排列轴号，可以任意修改轴号。

轴网夹角：X 方向轴线与 Y 方向轴线的夹角，软件默认为 90 度。

轴网旋转：输入正值，轴网整体逆时针旋转；输入负值，轴网整体顺时针旋转。

轴网标注：设置上下开间、左右进深对应轴号是否显示。

轴网定义技巧：开间、进深录入完成后，检查开间和进深方向的起始轴号、终止轴号是否与图纸一致；再检查总开间尺寸、总进深尺寸是否与图纸一致。两项检查都确认无误，可确保轴网的定义是正确的。

3.2.2 弧线轴网（图 3-12）

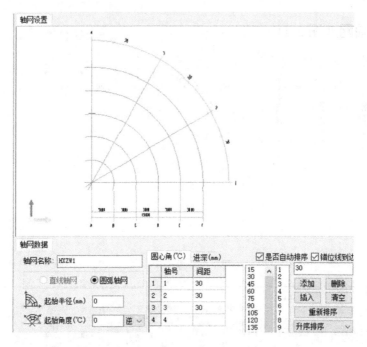

图 3-12

弧线轴网主要录入圆心角和进深两个方面的数据。

3.2.3 拼接轴网

包括拼接轴网、旋转拼接、恢复整轴和删除整轴四个命令。

3.2.3.1 拼接轴网

使两个以及两个以上的轴网拼接成一个轴网。

操作步骤：（1）在左侧栏选择需要拼接的轴网；

（2）移动鼠标到合适位置，左键选择基点，左键确认同时单击右键，完成操作。

3.2.3.2 旋转轴网

可根据实际情况将轴网旋转到合适的角度进行拼接。

操作步骤：（1）左键选择旋转基点；

（2）左键选择旋转角度点，弹出窗口输入旋转角度，左键确认同时单击右键，完成操作。

3.2.3.3 恢复整轴

可以将延伸或修剪过的轴线恢复原状。

3.2.3.4 删除整轴

可以删除当前工程中已经建立好的轴网。

操作步骤：（1）点击"删除整轴"命令；

（2）左键选择要删除的整轴中的任意一根轴线；

（3）弹出窗口询问是否删除整轴，选择是完成操作。

3.2.4 平行轴线

包括平行复制轴线、旋转复制直径轴、点角生成轴线和转角生成轴线四个命令。

3.2.4.1 平行复制轴线

对轴网中对任意一根轴线进行平行移动。

操作步骤：（1）点击"平行轴线"命令；

（2）左键选择平行轴线；

（3）移动鼠标到合适位置，左键确认，弹出窗口输入偏移距离和轴号，点击确定。

3.2.4.2 旋转复制径轴

使弧线轴网中的径轴根据实际情况的需要进行旋转。

操作步骤：（1）菜单栏中选择"旋转径轴"命令；

（2）左键选择"旋转弧径轴"基线；

（3）弹出窗口输入旋转角度和轴号，输入完成之后点击确定。

3.2.4.3 点角生成轴线

以一个点和一个角度建立一条辅轴。

3.2.4.4 转角生成轴线

使一条轴线绕一个基点旋转一个角度生成一条新的轴线。

3.2.5 修改轴号

对轴网上某条轴线的轴号进行修改。

操作步骤：（1）点击"修改轴号"命令，左键选择需要修改轴号的轴线；

（2）弹出窗口输入轴号，设置左端或右端显示方式，点击确定，完成操作。

3.2.6 伸缩轴线

使轴网中的轴线延伸或缩短。

3.2.7 区域剪切

根据实际情况框选轴网区域进行剪切。

3.2.8 辅助直线

在已经建立的轴网中任意选取两点，建立一条辅轴。

3.2.9 辅助弧线

建立一条弧形的辅轴。

3.2.10 轴层拷贝

将源楼层的轴网复制到目标层。

3.2.11 楼层基点

包括有楼层基点、区域基点和调整轴距三个功能。其中调整轴距主要用于工程建立完成后，个别轴距有变更的情况；轴距调整后，相应的构件位置、长度会随着进行处理。

3.3　属性定义

3.3.1　属性定义的界面介绍

（1）构件截面及钢筋等信息的设置　点击"属性"按钮、双击构件属性列表的构件名称或空白区域，均可进入属性定义对话框，如图 3-13 所示。

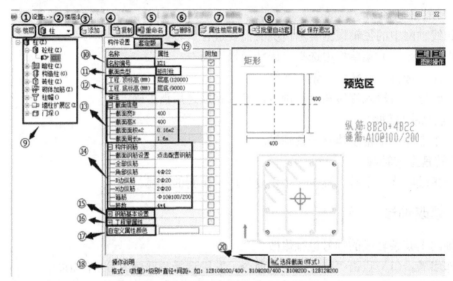

①	楼层	指定对哪一层的构件属性进行编辑
②	构件分类按钮	指定构件的类型，分为墙、柱、梁、板、楼梯、门窗等十三大类构件
③	添加构件	增加一个新的小类构件
④	复制构件	对小类构件复制，复制的新构件与原构件属性完全相同，可据实调整
⑤	重命名构件	对小类构件的名称重新编辑
⑥	删除构件	在属性中删除该小类构件
⑦	构件属性楼层复制	将当前构件的属性复制到其他层构件
⑧	构件批量自动套	自动可对本层或其他层的大、小类构件批量套取相应得清单或定额
⑨	构件细类显示	显示当前大类构件下的所有小类构件
⑩	构件名称编号	显示当前构件的名称及编号
⑪	构件截面类型	显示当前构件的截面类型
⑫	构件标高	显示当前构件的标高信息
⑬	构件截面信息	显示当前构件的截面尺寸信息
⑭	构件钢筋信息	显示当前构件的钢筋信息
⑮	构件钢筋基本设置	显示当前构件的钢筋基本设置
⑯	构件工程量属性	显示当前构件的工程量属性
⑰	构件自定义颜色	显示当前构件的颜色，可以自己定义构件颜色
⑱	构件操作说明	显示当前构件的操作说明和输入信息的方式
⑲	构件套定额	可以切换到套定额界面
⑳	构件截面选择	可以选择构件的截面类型

图 3-13

（2）构件的清单和定额的设置

在属性定义对话框中，点击"套定额"，切换到套定额界面，如图3-14所示。

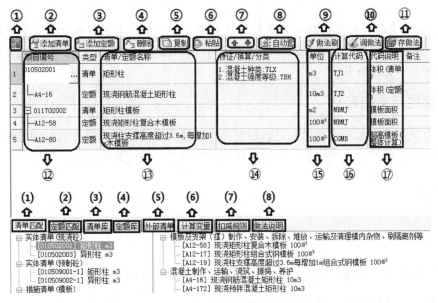

①		左键点击则可以展开当前定义的做法
②	添加清单	左键点击则可以添加一项清单
③	添加定额	左键点击则可以添加一个清单
④	删除	左键点击则可以删除所在行的清单或定额
⑤	复制	左键点击则可以复制当前构件的清单或定额做法
⑥	粘贴	左键点击则可以粘贴已经复制的清单或定额做法
⑦	上移下移	左键点击则可以向上或向下移动
⑧	自动套	可根据自动套模板给当前或本层构件自动套取相应的清单和定额
⑨	做法刷	可将当前构件的做法复制到本层或其他层同类构件
⑩	调做法	可将已保存的构件做法复制到当前构件
⑪	存做法	可将当前构件的做法保存，以备调做法时使用
⑫	项目编号	清单的清单编码或定额的定额号
⑬	清单/定额名称	清单或定额的项目名称
⑭	特征/换算/分类	清单或定额的项目特征、换算和分类
⑮	单位	清单或定额的计量单位
⑯	计算代码	清单或定额的计算代码
⑰	代码说明	清单或定额的计算代码说明
（1）	清单匹配	可根据下面显示栏中的清单快速套取与当前构件匹配的清单
（2）	定额匹配	可根据下面显示栏中的定额快速套取与当前构件匹配的定额
（3）	清单库	当前工程所用当地的清单库
（4）	定额库	当前工程所用当地的定额库
（5）	外部清单	招标方给出的招标文件中的清单库
（6）	计算变量	软件对当前构件可以计算的各种工程量
（7）	扣减规则	当前构件的计算规则
（8）	做法说明	当前构件的做法说明

图3-14

【注意事项】 1）在清单库和定额库中可使用"查询"功能快速查找所需的清单或定额。

2）左键点击清单或定额的"计算代码"，可以对清单或定额的计算项目进行选择或四则运算。

3）清单和定额的计算代码必须是计算变量中已包含的，若软件的计算变量中没有，则不能出量。部分构件的计算项目软件支持不同的计算方式，需要进行计算代码的修改，如模板的整体计算与分段计算。

3.3.2　属性定义的意义

属性定义中的截面和钢筋信息是否和图纸中一致会直接影响计算工程量的准确性，而构件所套清单和定额的计算代码会影响计算结果的准确性，进而影响报表。

3.4　墙

3.4.1　墙构件的分类

包括混凝土墙、砖墙、间壁墙、玻璃幕墙、外边线和人防门框墙等类型。

3.4.2　墙的计算项目（详见表 3-2）

表 3-2　墙的计算项目

混 凝 土 墙	砖　墙	间 壁 墙	玻璃幕墙	外 边 线	人防门框墙
体积	体积	体积	幕墙面积	长度	体积
模板	脚手架	面积	脚手架		模板
超高模板（整体）	钢丝网面积（内墙+外墙）				超高模板（整体）
超高模板（分段）	钢丝网面积（内墙）				超高模板（分段）
	钢丝网面积（外墙满铺）				脚手架

3.4.3　墙构件的属性定义

（1）墙类别：分为内墙和外墙，主要用于统计内外墙上不同构件的汇总信息。如外墙门窗面积等。

（2）墙厚：墙体厚度信息，计算工程量主要参数，必须录入正确。

（3）底标高：默认取层底标高（后面构件涉及此参数的均与此处相同，不再重复介绍）。

（4）顶标高：默认层高处标高，可根据情况进行调整。支持"层高+500"的修改方式，此处表示墙高为层高往上 500mm（后面构件涉及此参数的均与此处相同，不再重复介绍）。

3.4.3.1　混凝土墙（图 3-15）

（1）钢筋信息：包含墙体的水平钢筋、垂直钢筋及拉筋等钢筋信息，钢筋信息的录入请参照说明。

（2）钢筋基本设置：继承工程整体设置的信息，单个构件不同时可进行修改（以下涉及混凝土构件的属性定义均有此项，不再进行整体描述）。

（3）工程量属性：继承工程整体设置的信息，单个构件不同时可进行修改（以下构件的属性定义均有此项，不再进行整体描述）。

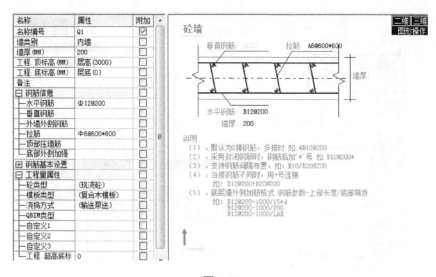

图 3-15

3.4.3.2　砖墙（图 3-16）

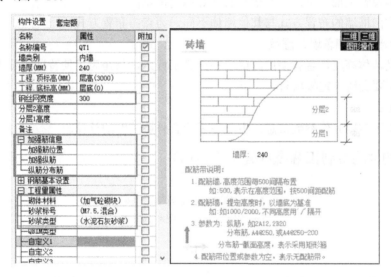

图 3-16

（1）钢丝网宽度：影响钢筋网片的工程量，软件默认值为 400mm，需要根据图纸信息调整。分内墙钢丝网、外墙钢丝网，外墙钢丝网又分满铺钢丝网和非满铺钢丝网，软件自动计算，在套取定额时选择不同的变量。

（2）加强筋信息：主要适用于砖墙内通长加强筋的定义与计算。

（3）砌体材料、砂浆标号、砂浆类型：继承工程整体设置信息。是自动套定额时的判断条件之一；若工程中砖墙材质为标准砖，砌体材料需要改为"机红砖"。此三项信息一般进行工程整体设置。

3.4.3.3　人防门框墙（图 3-17）

（1）正确设置人防门框墙的顶梁、底梁、左柱和右柱等截面类型；

（2）正确设置洞口的深度、宽度、高度、洞口加筋和加筋尺寸等信息；

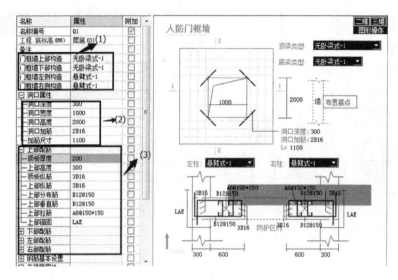

图 3-17

（3）正确设置上部、下部、左部和右部等钢筋信息；

（4）人防门框墙的布置方式与其他墙体不同，为点击布置方式。

3.4.3.4　间壁墙、玻璃幕墙、虚墙

主要定义墙体高度信息和墙厚。虚墙不计算工程量，只是为了使特殊情况下墙体闭合，所以虚墙不需要套清单定额项目。

3.4.3.5　外边线

属性定义不需要其他参数信息。主要为了配合外墙装饰的计算。

3.4.4　墙构件的绘制和编辑方法（图 3-18）

图 3-18

【注意事项】墙的绘制和编辑方法与梁、条形基础、挑檐等线性构件的绘制基本一致，在本节中统一详细说明。

3.4.4.1　直线画墙

操作步骤：（1）切换至墙构件，选择"画直线"命令；

（2）在左侧属性栏中选择相关的属性；

（3）找到画直线的起点以及终点，右键或 ESC 键确认，完成绘制。

【注意事项】

（1）在绘制墙体时，左键依次选取墙体的第一点、第二点等；也可以用光标控制方向，在数值框中输入长度的方法来绘制墙体。

（2）命令执行过程中屏幕右下角处会弹出一个浮动式对话框，如图 3-19 所示。

① 设置所绘制墙体的标高信息（可与默认的标高不同）；

② 设置所绘制墙体的定位方式（居中、右边、左边和自定义偏移）；

图 3-19

③ 是否覆盖绘制重叠部分图元（在已有墙体的位置上再布置一道墙体，新布置的会替代原有的墙体）。

（3）在点击构件的起点和终点时，按住"Shift"可打开"根据基点硬定位"界面（如图3-20所示）。此种定位方式适用于其他构件。

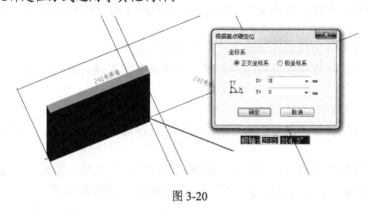

图 3-20

（4）命令执行过程中在软件左下角的状态栏中的有相应提示，命令提示栏对其他构件均适用，不同命令提示信息不同（如图 3-21 所示）。

画直线：①左键选择起点；②左键选择终点，点Ctrl+左键回退上一步操作，按右键中止或ESC取消

图 3-21

（5）在绘制过程中，若发现定位点错了或者长度有误，可以按 Ctrl+鼠标左键，退回至上一步。

（6）绘制完一段墙体后，命令不退出，可以继续绘制墙体。

3.4.4.2　三点画弧墙

操作步骤：（1）切换至墙构件，选择"三点画弧"命令；

（2）在左侧属性栏中选择相关的属性；

（3）找到圆弧的起点、第二点（圆弧上任一点）以及终点，右键确认，完成绘制。

3.4.4.3　圆心弧画墙

操作步骤：（1）切换至墙构件，选择逆小弧下拉中的"圆心弧"命令；

（2）在左侧属性栏中选择相关的属性；

（3）选择弧起点、弧圆心点以及弧终点，右键确认，完成绘制。

3.4.4.4　两点弧画墙

操作步骤：（1）在左侧属性栏中选择相关的属性，如以"逆小弧"为例；

（2）输入弧半径如"3000mm"，选择弧起点、选择弧终点，右键确认，完成绘制。

【注意事项】逆大弧、顺小弧、顺大弧的绘制方法与逆小弧的绘制方法相同。

3.4.4.5 圆形画墙

操作步骤：（1）切换至墙构件，选择逆小弧下拉中的"圆形画墙"命令；

（2）选择弧圆心点以及择圆半径位置，并输入半径值如"6000mm"，点击确定，完成操作。

3.4.4.6 按轴段生成墙

操作步骤：（1）切换至墙构件，选择"按轴段生成"命令；

（2）左键点选某一段轴线起点，再点选轴线的终点即可。

3.4.4.7 参考构件布置墙

操作步骤：（1）在菜单栏命令中找到"矩形框选布置"命令，在下拉菜单中会出现按轴线布置、按梁中心线布置、按基梁中心线布置、按混凝土条基中心线布置、按砖条基中心线布置等选项；

（2）选择需要参考构件布置墙的方式，如按轴线布置；

（3）左键拉框选择需要生成墙体的轴线，软件会根据选择的轴线自动生成墙体。

3.4.4.8 偏移

对墙进行偏移复制或偏移移动。

操作步骤：（1）执行"偏移"命令，选择需要进行偏移的构件图元（构件呈虚线显示即表示选中）；

（2）点击构件的偏移方向，将弹出"请输入偏移距离"界面，根据实际情况选择偏移方式并输入偏移距离如"3100mm"。点击确定，完成操作（如图3-22所示）。

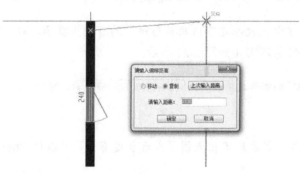

图 3-22

【注意事项】（1）偏移距离：与构件边线垂直方向的距离。

（2）当墙偏移后，其附属构件也会偏移（其墙上的门窗等也会跟着偏移）。

（3）偏移构件时不会覆盖目标位置的构件图元。

3.4.4.9 连接

对墙体按要求连接。

操作步骤：（1）执行"连接"命令；

（2）选择需要连接的构件，左键点击选择第一个构件、第二个构件，左键确认，弹出"构件合并成功"，完成操作（如图3-23所示）。

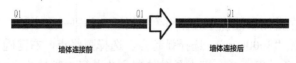

图 3-23

【注意事项】必须是在同一条直线上且名称相同的两个构件方可连接。

3.4.4.10　打断

对墙体等线性构件按要求打断。

操作步骤：（1）执行"打断"命令，在下拉菜单中弹出构件打断方式：随构件起点打断、选精确点打断和批量打断，如图 3-24 所示；

（2）选择需要的构件打断方式，如随构件起点打断；

（3）左键在构件上选择打断点，弹出"设置断点离起始距离"界面，根据实际情况输入距离如"3000mm"，回车确认，完成操作（如图 3-25 所示）。

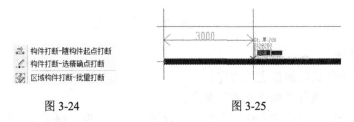

图 3-24　　　　　　　　　　　　图 3-25

3.4.4.11　修剪

对墙等线性构件沿某一条边界进行修剪。

操作步骤：（1）执行"修剪"命令；

（2）左键选择修剪边（如图 3-26 所示）；

（3）左键选择要修剪构件的端点，左键确认，完成操作（如图 3-27 所示）。

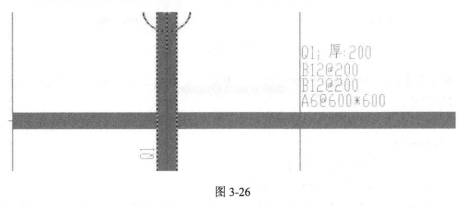

图 3-26

图 3-27

【注意事项】（1）修剪时，当鼠标指向哪一方的端点，就以那一方开始修剪。

（2）也可以用此命令进行构件延伸，左键选择要延伸的端点,左键确认（如图 3-28 所示）。

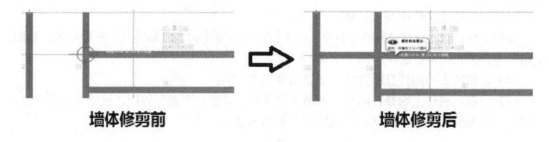

图 3-28

3.4.4.12 构件延伸

使墙等线性构件延伸到指定的边界。

操作步骤：（1）执行"构件延伸"命令；

（2）左键选择需要延伸的构件，在光标位置输入延伸长度，根据实际情况输入伸缩长度如"5000mm"，点击确定，完成操作（如图 3-29 所示）。

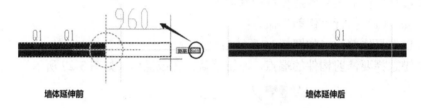

图 3-29

【注意事项】（1）伸缩值直接输入数据，用鼠标左右或者上下移动，确定伸缩方向输入相关伸缩值即可。

（2）构件延伸还可以采用构件端点选中后，直接进行拖动移动到要延伸的位置这种方式。

3.4.4.13 构件倒角

使两个方向的墙体进行倒角闭合。

操作步骤：（1）执行"构件倒角"命令；

（2）左键依次选择两个需要倒角的构件，右键确认即可使构件闭合（如图 3-30 所示）。

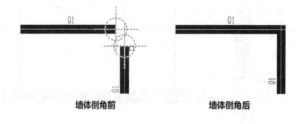

图 3-30

【注意事项】此功在 CAD 识别墙体后，进行完善墙体时经常会用到。

3.4.4.14 倾斜墙

将墙构件倾斜一定的角度。

操作步骤：（1）执行"墙倾斜设置"命令；

（2）左键选择需要倾斜的墙构件，右键确定，将弹出"修改斜墙"界面（如图 3-31 所示）；

（3）根据实际情况选择斜墙垂直方向倾斜角、起点终点平行倾斜角，点击确定，完成操作。

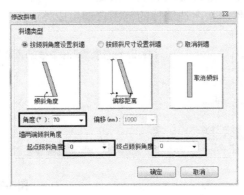

图 3-31

【注意事项】使用"倾斜墙倒角"功能，可以将两段不不闭合的倾斜墙闭合在一起。操作方法与"构件倒角"基本相同。

3.4.4.15 设置山墙

将一段墙体的起点与终点标高设置为不同的值。

操作步骤：（1）点击命令栏中绘图公共工具栏的"调整高度"按钮；

（2）选择"修改倾斜标高"功能，选择需要调整为山墙的墙体，右键确认；

（3）在弹出的对话框中输入标高数值（如图 3-32 所示），箭头表示墙的起点和终点；

（4）山墙和倒山墙设置好的效果如图 3-33 所示。

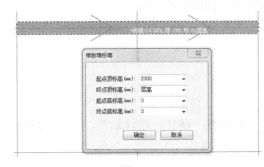

图 3-32

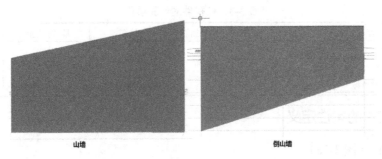

图 3-33

3.4.4.16 形成外边线

操作步骤：（1）左键选择"提取外墙轮廓"按钮；

（2）在弹出的对话框中勾选上相关选项，如图 3-34 所示；

（3）左键拉框选择需要生成外边线的墙体范围；

（4）右键确认后，软件会按所选墙体的范围自动生成外边线，如图 3-35 所示。

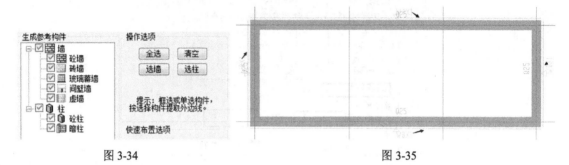

图 3-34   图 3-35

【注意事项】形成外边线正确与否会影响以下构件的工程量计算：

a. 与砖墙中外墙钢丝网片的计算有关；

b. 与满堂基础的防水有关；

c. 与地下室范围有关系。

3.4.5 墙构件的绘图公共命令

详见本书第四章工具栏命令详解中的介绍。

3.4.6 墙构件的公共修改命令

详见本书第四章工具栏命令详解中的介绍。

3.5 柱

3.5.1 柱构件的分类

包括混凝土柱、暗柱、构造柱、砖柱、砌体加筋、柱帽、墙柱扩展区和门垛等类型。

3.5.2 柱构件的计算项目（详见表 3-3）

表 3-3 柱构件的计算项目

混凝土柱	暗柱	构造柱	砖柱	砌体加筋	柱帽	墙柱扩展区	门垛
体积	体积	体积	体积		体积		体积
模板	模板	模板		钢筋	模板	钢筋	模板
超高模板	超高模板	超高模板			超高模板		超高模板

3.5.3 柱构件的属性定义

3.5.3.1 框架柱（图 3-36）

截面类型：分为矩形柱、圆形柱、异形柱和自定义截面。

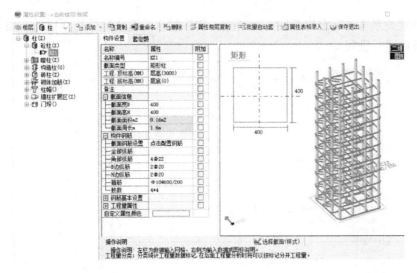

图 3-36

截面信息：随柱截面类型的变化而变化。矩形柱对应截面宽 B 和截面高 H；圆形柱对应半径 R。

构件钢筋：矩形柱钢筋包括角筋、B 边和 H 边中部钢筋、箍筋及肢数，三维显示联动。

【注意事项】（1）不同直径钢筋的连接采用"+"号；

（2）柱箍筋肢数录入格式为：B 边肢数*H 边肢数，如 5*4;

3.5.3.2　暗柱（图 3-37）

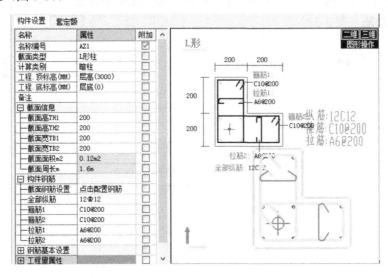

图 3-37

（1）截面类型：分为矩形柱、L 形柱、T 形柱、Z 形柱、十字形柱和自定义截面。

（2）构件钢筋：截面类型不同，构件钢筋信息不同。

【注意事项】暗柱一般视为剪力墙的一部分，在套清单定额时应注意。

3.5.3.3　构造柱（图 3-38）

（1）马牙槎：涉及宽度、高度、间距三个参数信息，据实输入即可。软件会根据构造柱与墙体的位置关系自动确定构造柱几面留槎。软件默认构造柱是带马牙槎的，如果实际工程中没有，可以进行设置。

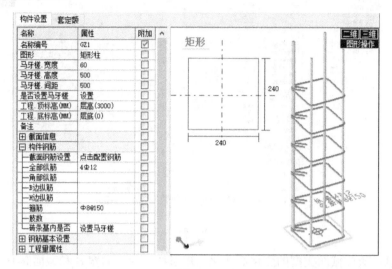

图 3-38

（2）植筋方式设置：钢筋计算设置中将"构造柱计算类型"由"按一般柱计算"选择为"按植筋计算"。

3.5.3.4 砖柱

截面类型分为矩形柱、异形柱和自定义截面三种，无钢筋信息。

3.5.3.5 砌体加筋（图 3-39）

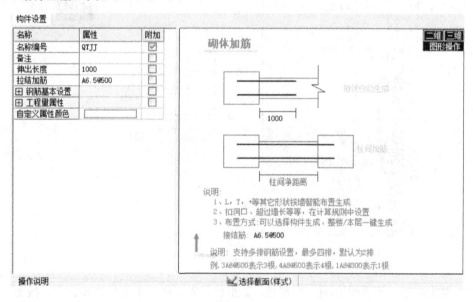

图 3-39

砌体加筋适用于砖墙内加强筋不是通长布置的情况，仅涉及钢筋信息。

截面形式包括一字形、L 形、T 形、十字形等，软件通过智能布置根据砖墙相交情况自动判断截面形式。

3.5.3.6　柱帽（图 3-40）

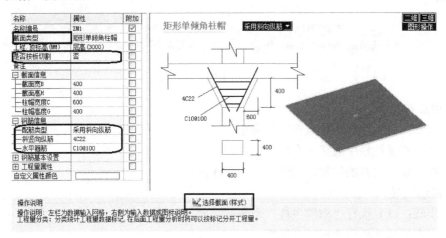

图 3-40

（1）截面类型：选择不同样式的柱帽。

（2）配筋类型：选择不同的配筋方式。

（3）是否按板切割：软件默认柱帽是不自动按板切割的，如布置在板边上的柱帽涉及切割，可进行修改。

3.5.3.7　墙柱扩展区（图 3-41）

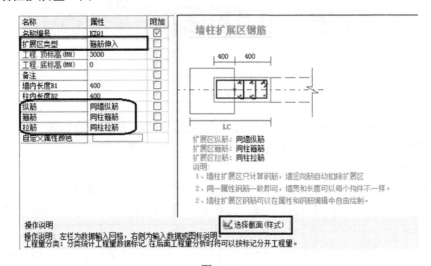

图 3-41

墙柱扩展区适用于剪力墙工程，仅涉及钢筋信息；

扩展区类型：选择不同的钢筋方式。

3.5.3.8　门垛

顶标高：默认为"随洞顶标高"，可根据实际情况修改。

3.5.4　柱构件的布置和编辑方法（图 3-42）

柱是按点状构件进行布置的，其他点状构件（如独基、杯基等）布置方法相同部分不再重复介绍。

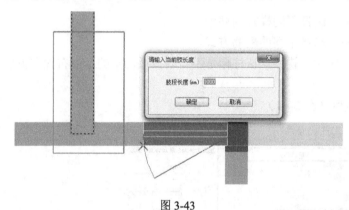

图 3-42

3.5.4.1　单点布置

操作步骤：（1）执行"单点布置"命令；

（2）在左侧属性栏中选择一个属性；

（3）在需要布置柱的位置，左键点击，完成操作。

3.5.4.2　框墙生柱

操作步骤：（1）执行"框墙生柱"命令；

（2）在左侧属性栏中选择一个属性；

（3）左键框选一段墙肢，弹出"请输入当前肢长度"界面（如图 3-43 所示）；

图 3-43

（4）输入数值后确定，弹出"新建截面方式"截面，输入新构件的名称，确认完成操作。

【注意事项】较适用于暗柱，生成后的构件需要进行配筋。

3.5.4.3　提取截面

操作步骤：（1）执行"框墙生柱"下拉菜单中的"提取截面"命令；

（2）选择"选 CAD 线"的操作方式，选择 CAD 图中的柱截面线，选择定位基点，右建确认；

（3）弹出"截面设置"对话框，修改尺寸信息，再进行"钢筋设置"，确认后在弹出窗口中输入构件名称，完成操作。

【注意事项】（1）可以提取出任何多边形图元截面。

（2）在 CAD 图提取的线条长度为实际长度，不是标注长度，需要进行修改。

3.5.4.4　布置

分为按轴线布置、按墙交点布置、按梁交点布置、按独基布置、按桩布置和按桩承台布置等方式。以按轴线布置为例进行介绍。

操作步骤：（1）执行"布置"下拉菜单中的"按轴线布置"命令；

（2）在左侧属性栏中选择一个属性；

（3）框选需要布置柱的区域，这样有轴线交点的地方就会自动生成柱。

3.5.4.5　智能布置——构造柱

操作步骤：（1）切换至构造柱构件，执行"智能布置"命令，弹出对话框如图 3-44 所示。

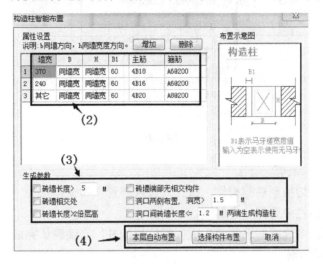

图 3-44

（2）在属性设置处对构造柱的截面信息、钢筋信息进行修改；

（3）在生成参数处，根据图纸说明勾选生成的参数条件；

（4）选择"本层自动布置"会在本层砖墙相交处且无其他类型柱的位置布置构造柱；

（5）选择"选择构件布置"，需要框选要布置构造柱的区域。

3.5.4.6　按洞边布——构造柱

操作步骤：（1）切换至构造柱构件，执行"按洞边布"命令。

（2）在左侧属性栏中选择一个属性，框选需要布置构造柱的门窗洞口（图 3-45）。

（3）点击确定后，在所选门窗两侧已经布置上构造柱。

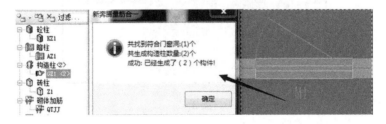

图 3-45

3.5.4.7　快速生成砌体加筋

操作步骤：（1）切换至砌体加筋构件，在左侧属性栏中选择一个属性；

（2）执行"快速生成砌体加筋"命令，弹出对话框（图 3-46）；

（3）选择砌体加筋的布置方式；

（4）根据图纸说明，选择生成砌体加筋的参数条件；

（5）选择"整楼生成砌体加筋""当前层生成砌体加筋"或"框选构件生成"。

图 3-46

3.5.4.8 按柱布置——柱帽

操作步骤：（1）切换至柱帽构件，执行"按柱布置"命令；

（2）在左侧属性栏中选择一个属性；

（3）左键单选、多选或框选需要生成柱帽位置的柱，右键确认完成。

3.5.4.9 自定义柱帽切割

操作步骤：（1）切换至柱帽构件，执行"自定义柱帽切割"；

（2）选择绘制切割线的方式；

（3）选择图中需要修改的柱帽，绘制切割后的区域，完成操作（图3-47）。

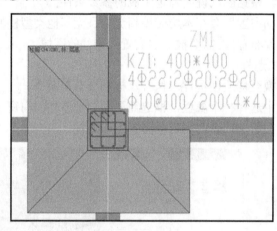

图 3-47

3.5.4.10 智能布置——门垛

操作步骤：（1）切换至门垛构件，执行"智能布置"命令，弹出对话框（如图3-48所示）；

（2）设置需生成门垛的洞口类型；

（3）设置需生成门垛的洞边距柱或墙边距离条件；

（4）设置生成门垛的范围（距洞边范围内生成门垛、是否清除已经布置的门垛）；

（5）选择"本层自动布置"或"选择构件布置"。

3.5.4.11 调整构件位置（柱偏心设置）

操作步骤：（1）执行"调整构件位置"命令；

（2）选择要进行调整的柱，修改构件位置的相关信息；右键完成修改（如图3-49所示）。

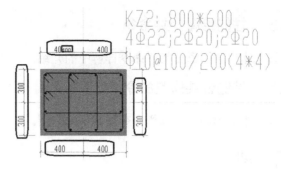

图 3-48　　　　　　　　　　　　　　　图 3-49

3.5.4.12　设置点构件（柱转角设置）

操作步骤：（1）执行"转角设置"命令；

（2）选择需要旋转的柱，右键确认，弹出对话框；

（3）在对话框中输入旋转的角度，确定完成（如图 3-50 所示）。

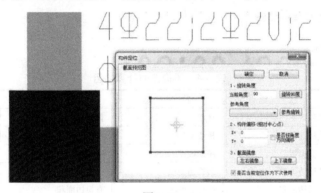

图 3-50

3.5.4.13　倾斜柱

操作步骤：（1）执行"倾斜柱"命令；

（2）选择需要倾斜的柱，右键确认，弹出"修改斜柱"界面；

（3）选择斜柱类型，输入相关数据，确定完成（如图 3-51 所示）。

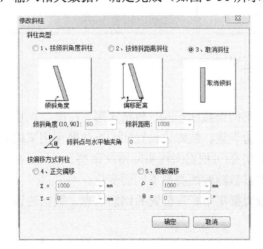

图 3-51

3.5.5 柱的绘图公共命令

详见本书第四章工具栏命令详解中的介绍。

3.5.6 柱的公共修改命令

详见本书第四章工具栏命令详解中的介绍。

3.6 梁

3.6.1 梁构件的分类

包括框架梁、次梁、独立梁、圈梁、过梁、预制过梁、窗台梁、暗梁、连梁和防水反坎等类型。

3.6.2 梁构件的计算项目

详见表 3-4 所示。

表 3-4 梁构件的计算项目

框 架 梁	次 梁	独 立 梁	圈 梁	过 梁
体积	体积	体积	体积	体积
模板面积	模板面积	模板面积	模板面积	模板面积
超高模板	超高模板	超高模板	超高模板	超高模板
装饰边面积	装饰边面积	装饰边面积	装饰边面积	装饰边面积
有量边面积	有量边面积	有量边面积	有量边面积	有量边面积
		四面粉刷面积		
预 制 过 梁	窗 台 梁	连 梁	防 水 反 坎	
体积	体积	体积	体积	
模板面积	模板面积	模板面积	模板面积	
	超高模板	超高模板	超高模板	
	装饰边面积			
	有量边面积			

3.6.3 梁构件的属性定义

3.6.3.1 框架梁（图 3-52）

（1）截面类型：选择不同梁截面形式，包括矩形、L 形、T 形等断面形式。

（2）装饰设置：有量边设置、装饰边设置和装饰边贴图用来编辑梁的装饰做法。

（3）顶标高：默认取层高,可根据工程实际情况调整。

（4）截面尺寸：相关参数随截面类型不同而变化。

（5）钢筋信息：一般为梁集中标注位置的钢筋信息，数据错误、多输或少输都将影响钢筋量计算。

3.6.3.2 次梁

同框架梁的属性界面。

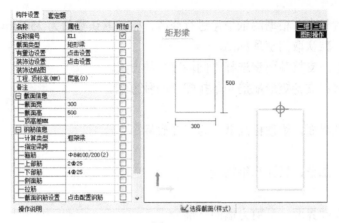

图 3-52

3.6.3.3　独立梁

同框架梁的属性界面，还可以计算"四面粉刷面积"，主要用于顶层花架梁的粉刷面积。

3.6.3.4　圈梁（图 3-53）

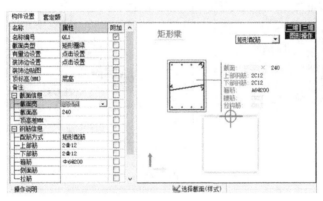

图 3-53

（1）截面类型：包含矩形、L 形、T 形、凸出墙圈梁多种形式。

（2）截面信息：支持截面宽选择"同墙宽"的方式。

（3）配筋方式：支持矩形配筋和单排配筋两种方式。

3.6.3.5　过梁（图 3-54）

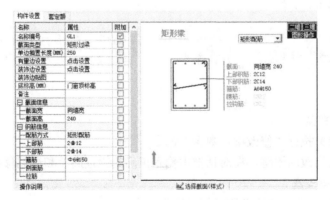

图 3-54

（1）单边搁置长度：根据图纸信息进行修改，软件默认数值为250mm。

（2）底标高：默认取门窗顶标高。

（3）截面信息：支持截面宽选择"同墙宽"的方式。

（4）配筋方式：支持矩形配筋和单排配筋两种方式。

3.6.3.6　窗台梁

同过梁的属性界面，梁顶标高默认为"窗底标高"。

3.6.3.7　暗梁

是剪力墙的一部分，只计算钢筋量。

3.6.3.8　连梁

同框架梁的属性界面，是剪力墙的一部分。

3.6.3.9　防水反坎（图3-55）

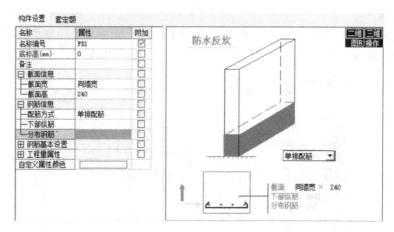

图3-55

（1）底标高：默认取楼层底标高，可根据实际情况调整。

（2）钢筋信息：一般不需要设置钢筋。如果图纸中有钢筋信息，直接输入即可。

3.6.4　梁构件的绘制和编辑方法

梁构件的主要绘制及编辑命令如图3-56所示，普通梁的绘制方法与墙构件的绘制方法基本一致，在此不再重复介绍。

图3-56

3.6.4.1　修改梁跨数据

操作步骤：（1）执行"修改梁跨数据"命令；

（2）选择需要修改的梁跨，在对话框中输入正确的梁顶高差和梁偏移信息，右键结束。

3.6.4.2　重新刷新梁支座

操作步骤：（1）执行"重新刷新梁支座"命令；

（2）选择需要刷新的梁，右键确定，完成操作。

3.6.4.3　手工编辑梁支座

操作步骤：（1）执行"手工编辑梁支座"命令；

（2）选择需要编辑支座的梁，可以看到红色的支座符号，如图 3-57 所示；

（3）左键点击红色支座符号，可以取消该支座，如图 3-58 所示；

（4）在未设为支座而又有黄色"×"号的位置点击，可以将此处设为支座。

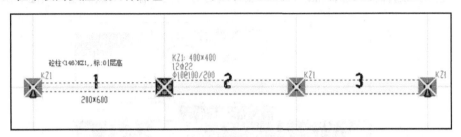

图 3-57

注：图中砼应为混凝土

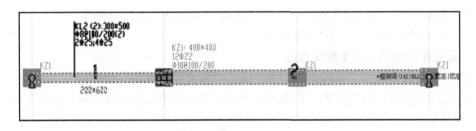

图 3-58

【注意事项】可以按住 Ctrl+左键强行添加梁支座。

3.6.4.4　合并分段梁跨、拆分分段梁跨

操作步骤：（1）执行"合并分段梁跨"命令；

（2）左键选择两段或者两段以上需要合并的梁（如图 3-59 所示）；

（3）右键结束，完成梁合并（如图 3-60 所示）。

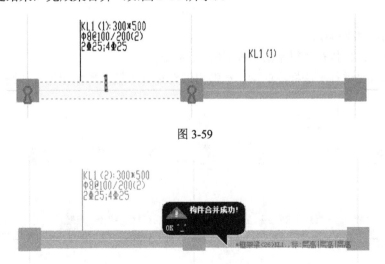

图 3-59

图 3-60

【注意事项】（1）"合并分段梁跨"命令必须是同一标高、同一名称的梁构件才有效。

（2）"拆分分段梁跨"与"合并分段梁跨"是反向操作。

3.6.4.5 折梁-添加折点、删除折点、修改折点

操作步骤：（1）执行"折梁-添加折点"命令；

（2）在梁上选择需添加折点的位置，在弹出的对话框中输入折点高度，如图 3-61 所示。

图 3-61

【注意事项】（1）"折梁-删除折点"与"折梁-添加折点"是反向操作。

（2）"折梁-修改折点"：重新设置折点信息。

3.6.4.6 设置单跨加腋、设置整梁加腋

操作步骤：（1）执行"设置单跨加腋"或者"设置整梁加腋"命令；

（2）选择需设置加腋的梁跨，在弹出的对话框中选择方式和参数即可，如图 3-62 所示。

图 3-62

3.6.4.7 梁平法+表格输入

操作步骤：（1）执行"梁平法+表格输入"命令；

（2）选择需要进行平法标注的梁，在弹出的对话框中输入参数即可，如图 3-63 所示。

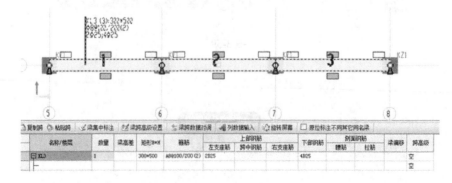

图 3-63

3.6.4.8　原位标注

与"梁平法+表格输入"实现功能相同，不同之处在于界面下方不显示平法表格。

3.6.4.9　布置吊筋箍筋

操作步骤：（1）执行"布置吊筋箍筋"命令，弹出窗口如图 3-64 所示；

（2）设置吊筋、附加箍筋的钢筋信息，再设置"布置生成方式"，选择"本层自动生成"或"选择布置"即可。

【注意事项】（1）如果只有附加箍筋没有吊筋，可以只在附加箍筋位置输入信息。

（2）吊筋根数和附加箍筋根数都是指的两侧总的根数。

3.6.4.10　查改吊筋箍筋

操作步骤：（1）执行"查改吊筋箍筋"命令；

（2）选择图上需要修改的吊筋或附加箍筋，右键确认，弹出修改吊筋参数对话框；

（3）输入新的吊筋或箍筋信息，确认完成操作。如图 3-65 所示。

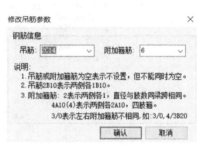

图 3-64　　　　　　　　　　　　　　　　图 3-65

【注意事项】一般使用"布置吊筋箍筋"进行楼层统一生成，再对不一样的吊筋箍筋信息使用"查改吊筋箍筋"进行修改。

3.6.4.11　删除吊筋箍筋

操作步骤：（1）执行"删除吊筋箍筋"命令；

（2）选择需要删除的吊筋或附加箍筋，右键确认，完成操作。

【注意事项】吊筋和附加箍筋不能用构件删除命令。

3.6.4.12　随墙布置（圈梁或防水反坎）

操作步骤：（1）选择圈梁或防水反坎构件的一个属性；

（2）执行"随墙布置"命令，选择"按墙布置"或"按墙分段布置"；

（3）选择需要布置圈梁或防水反坎的墙体，右键确认，完成操作。

3.6.4.13　智能布置——圈梁

操作步骤：（1）切换至圈梁构件，执行"智能布置"命令，弹出"圈梁智能布置"窗口；

（2）设置圈梁的属性参数、生成参数以及布置方式，完成操作（图 3-66）。

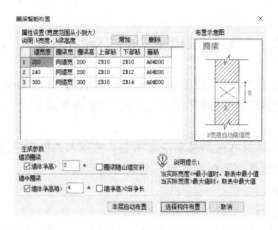

图 3-66

3.6.4.14　智能布置——过梁

操作步骤：（1）切换至过梁构件，执行"智能布置"，弹出"过梁智能布置"对话框；

（2）设置需要生成过梁的属性参数、生成参数和布置方式，完成操作（图 3-67）。

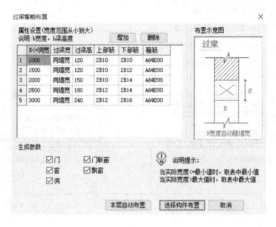

图 3-67

3.6.4.15　修改搁置长度

操作步骤：（1）切换至过梁构件，执行"修改搁置长度"命令；

（2）选择需要修改搁置长度的过梁一侧，输入数值或左键选择到相应位置即可。

3.6.4.16　设置过梁随门窗顶

用于拱形门窗上部拱形过梁的设置。

3.6.4.17　智能布置暗梁

操作步骤：（1）选择暗梁的一个属性，执行"智能布置暗梁"命令；

（2）选需要布置暗梁的混凝土墙，右键结束，完成操作。

3.6.4.18　洞口连梁

包括单洞口连梁和多洞口连梁

操作步骤：（1）选择连梁的一个属性，执行"单洞口连梁"或"多洞口连梁"命令；

（2）选择要生成连梁的洞口，右键结束命令即可。

【注意事项】连梁除了随洞口布置的方式外，还可以直接进行绘制。

3.6.4.19　随门布置——防水反坎

操作步骤：（1）选择防水反坎的一个属性，执行"随门布置"命令；

（2）选择需要生成防水反坎的门，右键确认，完成操作。

3.6.4.20　调整方向

操作步骤：（1）执行"调整方向"命令；

（2）选择需调整方向的梁，右键确认，完成操作。

3.6.5　梁构件的绘图公共命令

详见本书第 4 章工具栏命令详解中的介绍。

3.6.6　梁构件的公共修改命令

详见本书第 4 章工具栏命令详解中的介绍。

3.7　板

3.7.1　板构件的分类

包括现浇板、预制板、板洞等类型。

3.7.2　板构件的计算项目（见表 3-5）

表 3-5　板构件的计算项目

现 浇 板	预 制 板	板 洞
体积	体积	洞口面积
模板面积	模板面积	洞口周长
超高模板	超高模板	洞口侧壁面积

3.7.3　板构件的属性定义

3.7.3.1　现浇板（图 3-68）

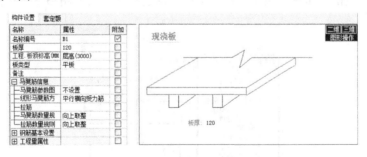

图 3-68

（1）板厚：板的厚度尺寸，计算工程量主要参数。

（2）顶标高：默认取楼层顶标高，可根据实际情况调整。

（3）马凳筋信息：整块板范围内计算马凳筋时设置，按图纸选择马凳筋的方式和参数。

3.7.3.2　预制板（图 3-69）

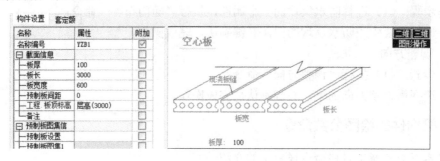

图 3-69

【注意事项】板厚、板长、板宽度、预制板间距按图纸信息正确输入。

3.7.3.3　板洞（图 3-70）

图 3-70

（1）板洞类型：支持选择不同洞口形状的板洞。

（2）洞宽、洞高：洞口的尺寸数值。

3.7.4　板构件的绘制和编辑方法

3.7.4.1　点击生成板

操作步骤：左键点选"点击"按钮，在需要生成的板的封闭区域点击左键，右键结束命令。

【注意事项】"点击"和"布置"功能必须在封闭的区域操作才可以生成板构件。

3.7.4.2　布置生成板

操作步骤：点击"布置"按钮，软件可以根据选择条件（如图 3-71 所示）自动快速生成板。

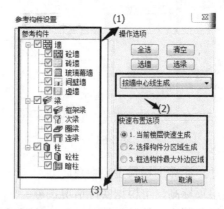

图 3-71

【注意事项】（1）在参考构件设置中根据工程需要正确选择墙、梁和柱。

（2）根据工程选择"按墙中心生成""按墙内边心生成"和"内墙按中心，外墙按外边线"。

（3）在布置选项处选择"当前楼层快速生成""选择构件分区域生成"和"框选构件最大外边区域"三种不同方式。

3.7.4.3　绘制板（含直线绘制、弧线绘制）

绘制板是通过绘制板的几条边，从而形成板的范围。其中包括直线绘制、弧线绘制等。

3.7.4.4　矩形布置

操作步骤：（1）点击"矩形绘制"命令；

（2）分别选择矩形对角线的起点和终点，左键确认，完成绘制。如图 3-72 所示。

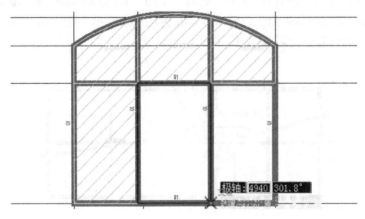

图 3-72

3.7.4.5　板合并

操作步骤：（1）在板构件下，菜单栏命令中找到"合并"按钮；

（2）左键选择要合并的构件（单选或框选），右键确认，如图 3-73 所示。

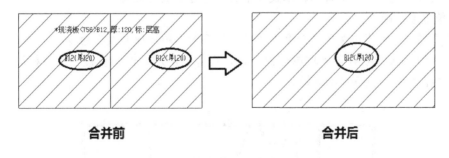

合并前　　　　　　　　　　　　　　　　合并后

图 3-73

【注意事项】板合并只能针对同一个名称的构件图元进行操作。

3.7.4.6　板分割

操作步骤：（1）在板构件下，菜单栏命令中找到"编辑"按钮；

（2）选择要分割的板，左键绘制分割线，右键确认，在弹出的对话框中点击"是"，确认分割，完成操作，如图 3-74 所示。

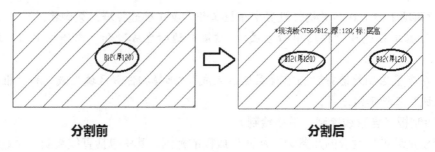

分割前　　　　　　　　　　　　　分割后

图 3-74

3.7.4.7　自动形成轮廓线

操作步骤：（1）点击菜单栏命令中"坡面"下的"自动形成轮廓线"命令；

（2）软件会自动在墙体外围生成轮廓线，在弹出的对话框中输入向外偏移量的数值，轮廓线会按所输入的数值向外偏移，如图 3-75 所示。

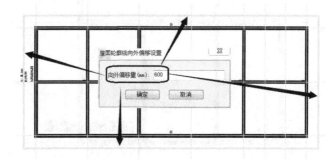

图 3-75

【注意事项】（1）轮廓线是为了使用单坡屋面板、双坡屋面板或多坡屋面板等命令快速生成斜坡屋面板。

（2）轮廓线还可以使用绘制轮廓线来生成，并可以进行编辑。

3.7.4.8　单坡屋面板

操作步骤：（1）点击菜单栏命令中"坡面"下的"单坡屋面板"命令。

（2）左键单选需要设置单坡屋面板的边，在弹出的对话框中设置"基线标高"和"坡度角"等数值即可。如图 3-76 所示。

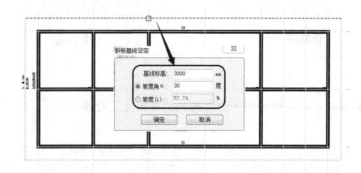

图 3-76

3.7.4.9　双坡屋面板

操作步骤：（1）点击菜单栏命令中"坡面"下的"双坡屋面板"命令；

（2）左键依次单选需要设置双坡屋面板的边，依次在弹出的对话框中设置"基线标高"和"坡度角"等数值即可。如图 3-77 所示。

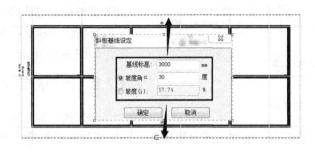

图 3-77

3.7.4.10　多坡屋面板

操作步骤：（1）点击菜单栏命令中"坡面"下的"多坡屋面板"命令；

（2）在弹出的对话框中，依次选择板的边线 1、边线 2……软件会自动对应相应的板边，输入对应的数值确认即可。如图 3-78 所示。

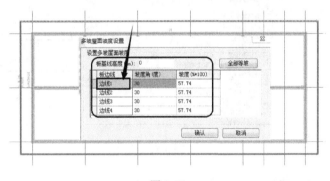

图 3-78

3.7.4.11　三点斜板

操作步骤：（1）点击"三点斜板"命令；

（2）选择需要变斜的板，右键确认，然后依次选择三个定位点，在弹出的对话框中输入定位点的标高，确认即可，如图 3-79 所示。

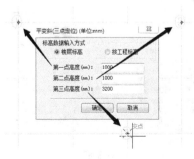

图 3-79

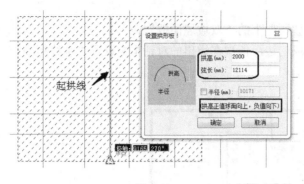

图 3-80

3.7.4.12 拱形板

操作步骤：（1）点击菜单栏中"斜板"下的"拱形板"命令；

（2）选择需要起拱的板；然后左键绘制出拱形板的起拱线，在弹出的对话框中输入起拱线的拱高和弦长的数值，确认即可，如图 3-80 所示。

3.7.5 板筋的定义和布置

公共属性信息包含以下内容。

（1）底筋、面筋的名称：根据图纸自行命名，建议可体现板筋号、板筋类型。

（2）钢筋信息：根据图纸输入钢筋信息，影响最终计算结果。

3.7.5.1 底筋、面筋（图 3-81）

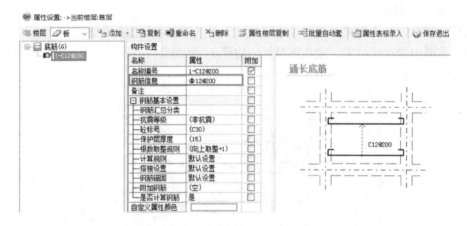

图 3-81

3.7.5.2 跨板面筋、支座负筋（图 3-82）

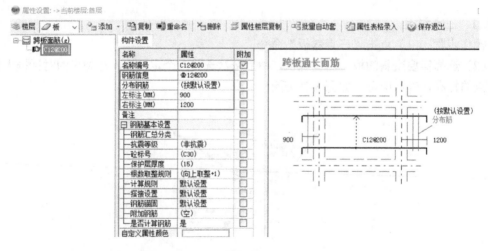

图 3-82

（1）分布钢筋：根据图纸信息，在钢筋计算设置中输入；个别钢筋不同时，在具体属性中修改。

（2）左标注、右标注：可根据图纸输入相关尺寸；也可以不输入，直接修改建模图元上的信息。

3.7.5.3 温度筋、柱上板带和跨中板带、撑筋等板的其他筋的定义方法较类似，在此不再一一介绍。

3.7.5.4 水平（X方向）布筋

操作步骤：点击"水平"，选择需水平布置板筋的板，左键确定板筋的位置，右键结束。

【注意事项】每块板上点击布置一次即可，多次点击会造成重复布置。相同方向已布置过一次的板会进行颜色显示。

3.7.5.5 垂直（Y方向）布筋

操作步骤：点击"垂直"，选择需垂直布置板筋的板，左键确定板筋的位置，右键结束。

【注意事项】每块板上点击布置一次即可，多次点击会造成重复布置。相同方向已布置过一次的板会进行颜色显示。

3.7.5.6 平行边布置板筋

操作步骤：点击"平行边"，选择需要平行边布置板筋的板（移动属性到板边可修改钢筋的布置方向），左键确定板筋的位置，右键结束命令。

3.7.5.7 XY方向布置板筋

操作步骤：点击"XY方向"，选择需布置的板，左键确定板筋的位置，右键结束命令。

3.7.5.8 智能布置板筋

操作步骤：点击"智能布置"，在弹出的对话框中设置相应的属性和方式，点击"确定"后，选择需要布置的板即可，如图3-83所示。

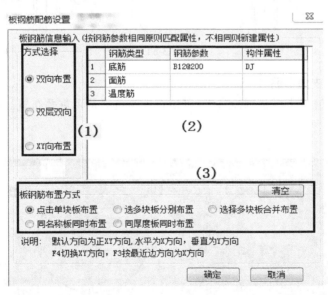

图 3-83

【注意】（1）布筋方式选择：双向布置、双层双向或XY向布置。

（2）输入所生成钢筋的直径和间距信息。

（3）确定板筋的布置方式：点击单块板布置、选多块板分别布置、选择多块板合并布置、同名称同时布置、同厚度板同时布置。

3.7.5.9　按板边布置支座负筋

操作步骤：点击"按板边布置"，鼠标移动到要布置板筋的板边，左键确定板筋的位置，右键结束命令。

3.7.5.10　画线布置支座负筋

操作步骤：点击"画线布置"，左键绘制基线（第一点及第二点），右键结束命令。

3.7.5.11　支座负筋或跨板负筋伸出长度的修改

对于已布置到图上的此两种钢筋，如果伸出长度与图不一致，需要进行修改。

（1）长度数值修改

操作步骤：点击要进行修改的钢筋，点击要进行修改的一侧数值，会激活数值输入，直接输入正确的数据即可，回车可直接跳转到另一侧数值进行输入。

（2）两侧长度数值对调

操作步骤：点击要修改的钢筋，点击钢筋的定位点，将其拖到板筋定位线的另一侧即可，如图 3-84。

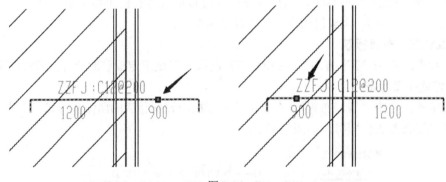

图 3-84

3.7.5.12　范围检查支座负筋

操作步骤：左键点击"范围检查"，可检查支座负筋是否重叠布置，重复布置的区域会加深，如图 3-85。

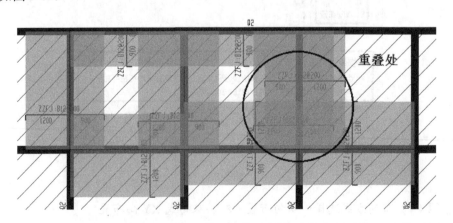

图 3-85

3.7.5.13　布置板撑筋

操作步骤：点击"布置板撑筋"，点击所需布置的板即可。

【注意事项】（1）只有布置了底筋，撑筋才能进行正确的计算。

（2）若在板属性中已经定义了撑筋信息，则不需再单独布置撑筋。

3.7.5.14　布置洞口加筋

操作步骤：点击"洞口加筋"，左键选择要布置钢筋的洞口边，右键结束命令。

3.7.5.15　布置板角筋

操作步骤：点击"板角筋"，左键选择要布置钢筋的板角，右键结束命令。

3.7.6　板构件的绘图公共命令

详见本书第 4 章工具栏命令详解中的介绍。

3.7.7　板构件的公共修改命令

详见本书第 4 章工具栏命令详解中的介绍。

3.8　楼梯

3.8.1　楼梯构件的分类

包括楼梯平面、参数楼梯、休息平台、直形梯段、螺旋梯段和栏杆等类型。

3.8.2　楼梯构件的计算项目（见表 3-6）

表 3-6　楼梯构件的计算项目

构件名称	计算项目					
楼梯平面	投影面积	楼梯井面积	原面积			
参数楼梯	投影面积	楼梯体积	楼梯面层	侧面粉刷	靠墙扶手	栏杆扶手
	栏板	踢脚线	踢脚面	底面面积	模板	
休息平台	体积	面积				
直形梯段	投影面积	楼梯体积	楼梯面层	侧面粉刷	底面面积	模板
螺旋梯段	体积	底面面积	侧面积			
栏杆	栏杆长度	栏杆投影长度	栏杆高度	栏杆间距		

3.8.3　楼梯构件的属性定义

3.8.3.1　楼梯平面的定义方法

进入属性定义框后，输入构件的名称和楼梯井面积即可。楼梯平面适用于工程量计算规则为按楼梯投影面积取值的情况。

3.8.3.2　参数楼梯（图 3-86）

（1）参数楼梯类型：同"选择截面（样式）"，可以选择不同类型的楼梯，如图 3-87 所示。

（2）工程底标高：楼梯的底标高，软件默认值为层底标高。

（3）楼梯参数信息：输入相关几何参数的数值。

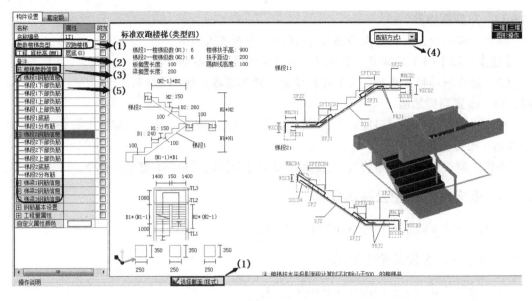

图 3-86

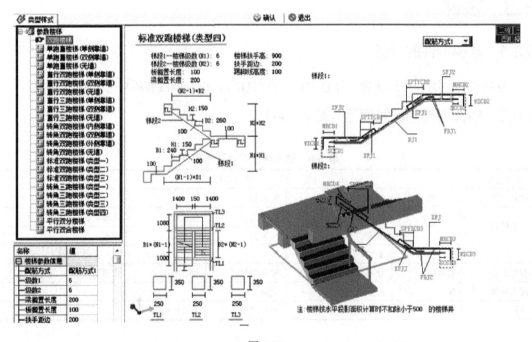

图 3-87

（4）配筋方式：选择楼梯的配筋方式。

（5）钢筋信息：对应输入相应位置的钢筋信息。

3.8.3.3 休息平台的定义方法

在构件属性定义对话框中，输入平台板厚度及相应的标高即可。平台板的钢筋需用板筋来布置。

3.8.3.4 直形梯段的定义方法

构件的属性定义类似参数楼梯中的一个梯段，此处不再详细介绍。

3.8.3.5　螺旋梯段的定义方法（图 3-88）

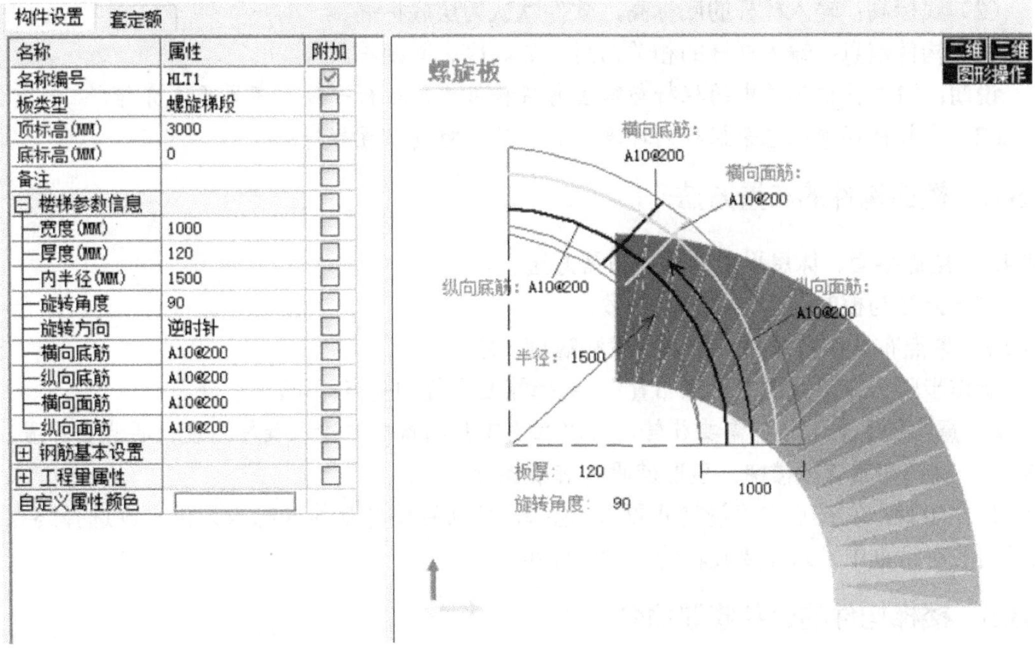

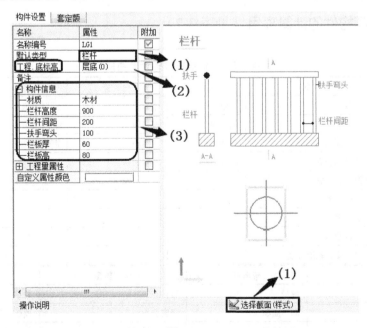

图 3-88

（1）梯段类型：同"选择截面（样式）"，可以选择不同类型的螺旋梯段。

（2）底标高：螺旋梯段的底标高，软件默认值为层底标高。

（3）楼梯参数信息：输入螺旋梯段相关的几何参数的数值。

（4）梯段钢筋信息：输入螺旋梯段相应的钢筋信息。

3.8.3.6　栏杆的定义方法（图 3-89）

图 3-89

（1）类型：同"选择截面（样式）"，可以选择不同类型的栏杆。

（2）底标高：输入栏杆的底标高，软件默认为层底标高。

（3）构件信息：输入栏杆的相关信息，如高度、间距等。

说明：（1）楼梯构件中的栏杆与零星悬挑构件中的栏杆一致，不再重复介绍;

（2）参数楼梯中已包含栏杆的计算变量，不用重复布置栏杆。

3.8.4 楼梯构件的布置方法

3.8.4.1 楼梯平面、休息平台的常见布置方法

布置方法与板的布置方法基本一致。

3.8.4.2 单点布置参数楼梯、直形梯段和螺旋梯段

操作步骤：左键点击"单点布置"，选择需要布置的基点即可。

【注意事项】如果楼梯需要旋转，可以在右下角的窗口中输入旋转角度，再点击布置。

3.8.4.3 旋转布置参数楼梯、直形梯段和螺旋梯段

操作步骤：左键点击"旋转布置"，选择需要布置楼梯基线的起点，再左键选择终点，在弹出的对话框中输入需要旋转的角度值即可。

3.8.5 楼梯构件的公共修改命令

详见本书第 4 章工具栏命令详解中的介绍。

3.9 门窗洞

3.9.1 门窗洞的分类

包括门、窗、洞、门联窗、壁龛、飘窗、带型窗、带型飘窗和老虎窗等类型。

3.9.2 门窗洞构件的计算项目（见表 3-7）

表 3-7 门窗洞构件的计算项目

门	窗	洞	门联窗	壁龛
数量	数量	数量	数量	洞口面积
洞口面积	洞口面积	洞口面积	洞口面积	洞周长
门扇面积	窗扇面积	侧壁面积	门面积	洞侧壁长度
门框长度	洞外侧粉刷	洞底面积	左窗面积	洞侧壁面积
门下面积	洞内侧粉刷	洞周长	右窗面积	洞侧壁面积(含底边)
侧壁面积	窗框长度			
洞外侧粉刷	侧壁面积			
洞内侧粉刷	窗台面积			
	窗帘盒、轨道长度			

飘窗	带形窗	带形飘窗	老虎窗
数量	数量	数量	数量
飘窗面积	洞口面积	飘窗面积	顶板体积
上、下挑板体积	窗扇面积	上、下挑板体积	顶板模板面积

续表

飘窗	带形窗	带形飘窗	老虎窗
上、下挑板模板面积	洞外侧粉刷	上、下挑板模板面积	顶板上表面面积
上挑板上表面面积	洞内侧粉刷	上挑板上表面面积	顶板窗内底面积
上挑板下表面面积	侧壁面积	上挑板下表面面积	顶板出檐底面积
上挑板下表面窗内面积	窗台面积	上挑板下表面窗内面积	正立面墙体积
上挑板下表面窗外面积	窗帘盒、轨道长度	上挑板下表面窗外面积	正立面墙模板面积
上挑板侧面面积		上挑板侧面面积	正立面墙外表面面积
下挑板上表面面积		下挑板上表面面积	正立面墙内表面面积
下挑板上表面窗内面积		下挑板上表面窗内面积	侧立面墙体积
下挑板上表面窗外面积		下挑板上表面窗外面积	侧立面墙模板面积
下挑板下表面面积		下挑板下表面面积	侧立面墙外表面面积
下挑板侧面面积		下挑板侧面面积	侧立面墙内表面面积
侧板体积		侧板体积	窗洞口面积
侧板模板面积		侧板模板面积	板洞口面积(斜)
侧板外表面面积		侧板外表面面积	板洞口周长（斜）
侧板内表面面积		侧板内表面面积	
窗内中墙面面积		窗内中墙面面积	
洞侧壁面积		洞侧壁面积	
窗帘盒、轨道长度		窗帘盒、轨道长度	

3.9.3　门窗洞构件的属性定义

3.9.3.1　门（图 3-90）

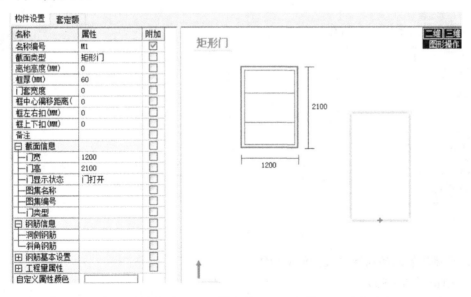

图 3-90

（1）截面类型或选择截面（样式）：可以选择不同的截面类型（矩形、拱顶形、尖顶形、圆拱形等）。

（2）离地高度：输入门的底标高，软件默认为层底标高。

（3）门参数信息：输入框厚、门套宽度、框中心偏移距离等相关几何参数的数值。

（4）截面信息：输入相应的门宽、门高等数值。

3.9.3.2　窗（图 3-91）

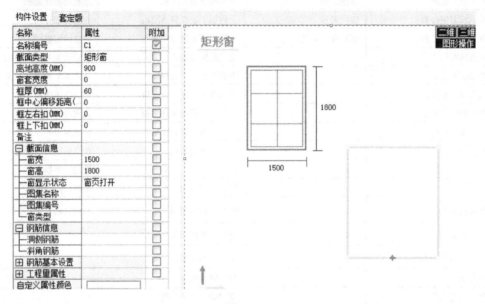

图 3-91

【注意事项】窗的相关参数与门构件类似，离地高度软件默认为 900mm。

3.9.3.3　洞（图 3-92）

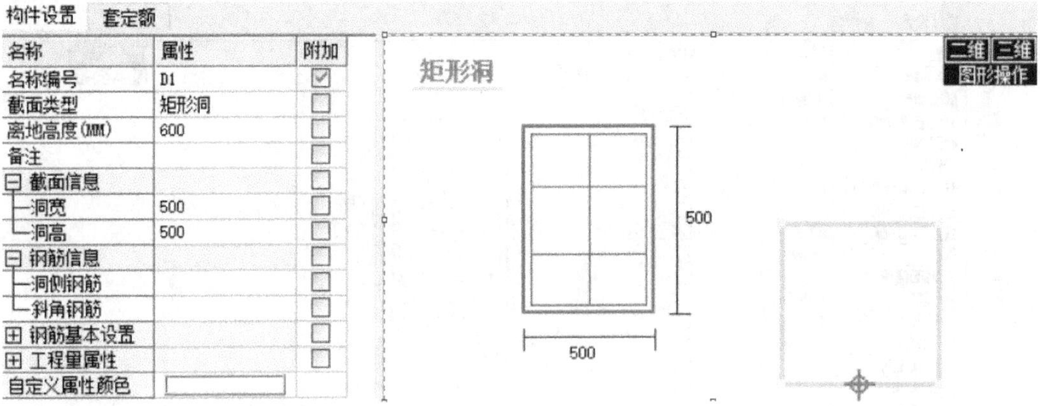

图 3-92

【注意事项】洞的属性定义类似窗构件。

3.9.3.4　飘窗（图 3-93）

（1）截面类型或选择截面（样式）：可以选择不同截面类型的飘窗，如矩形、矩形（左侧板）形、矩形（右侧板）、梯形、梯形（左侧板）、梯形（右侧板）、梯形（双侧板）和梯形（不对称）等。

（2）离地高度：输入飘窗的底标高，软件默认为层 500mm。

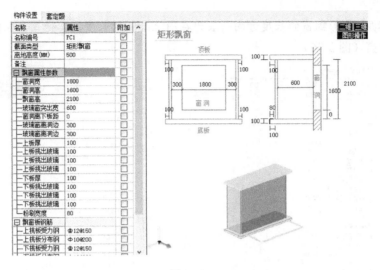

图 3-93

（3）飘窗属性参数：输入相应的飘窗宽、飘窗高、板挑出距离等数值。

（4）飘窗板钢筋：输入相应的上下挑板的钢筋信息。

3.9.3.5 带形窗（图 3-94）

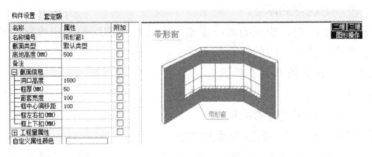

图 3-94

【注意事项】带形窗的长度方向一般为在图上绘制的长度，其他信息同窗构件。一般可以用来处理封闭阳台的阳台窗。

3.9.3.6 带形飘窗（图 3-95）

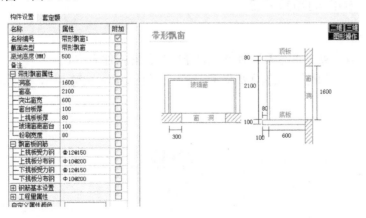

图 3-95

【注意事项】带形飘窗的长度方向一般为在图上绘制的长度，其他信息同飘窗构件。

3.9.3.7　老虎窗（图 3-96）

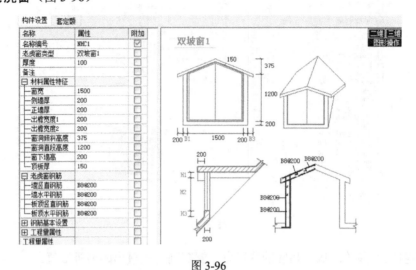

图 3-96

（1）截面类型或选择截面（样式）：可以选择不同截面类型的老虎窗。

（2）厚度：输入老虎窗的厚度。

（3）材料属性特征：输入相应的老虎窗宽、正墙厚、侧墙厚、出檐宽度等数值。

（4）老虎窗钢筋：输入对应的钢筋信息。

【注意事项】老虎窗必须布置在斜板上。

3.9.3.8　门联窗、壁龛等构件

请参照对应相式输入相关数值即可。

3.9.3.9　快速定义矩形（圆形）断面构件的方法

操作步骤：（1）在属性定义对话框，点击"添加"按钮，输入构件名称后，直接回车后会弹出对话框。

（2）在弹出的对话框中输入数值 。输入宽和高的数值（如 900*2100），会识别为矩形断面；如果输入的是一个数值（如 900），会识别为圆形断面。

3.9.4　门窗洞构件的布置方法

3.9.4.1　单点布置

操作步骤：（1）点击"布置"命令，选择要布置的构件名称。

（2）鼠标移动到墙体上，会有距离提示，输入正确的距离，左键点击，完成布置，如图 3-97。

图 3-97

【注意事项】此功能适用于门、窗、洞、门联窗、壁龛、飘窗和老虎窗构件。

3.9.4.2　绘制带形窗（或带形飘窗）

操作步骤：（1）点击"绘制带形窗"或"绘制带形飘窗"命令；

（2）在要布置带形窗或带形飘窗的墙上绘制第一点，接着绘制中间点或终点，右键结束。

3.9.4.3　转角带形窗（或带形飘窗）

操作步骤：（1）点击"转角带形窗"或"布置带形飘窗"命令；

（2）左键连续选择墙体，右键确认，在弹出的对话框输入相关的尺寸，如图 3-98 所示。

图 3-98

3.9.5　门窗洞构件的绘图公共命令

详见本书第 4 章工具栏命令详解中的介绍。

3.9.6　门窗洞构件的公共修改命令

详见本书第 4 章工具栏命令详解中的介绍。

3.10　装饰

3.10.1　装饰构件的分类

包括房间、楼地面、踢脚、墙裙、内墙面、外墙面、天棚、吊顶、保温层、屋面、装饰线条、装饰立面和屋脊线构件。

3.10.2　装饰构件的计算项目（见表 3-8）

表 3-8　装饰构件的计算项目

楼地面	踢脚	墙裙	内墙面	外墙面	柱面
地面整体面层	踢脚整体面积	墙裙抹灰面积	墙面抹灰面积	墙面抹灰面积	柱面抹灰面积
地面块料面层	踢脚块料面积	墙裙块料面积	凸墙梁侧面积	凸墙梁侧面积	柱面块料面积
防水面积			凸墙梁底面积	凸墙梁底面积	
平面防水面积			凸墙梁顶面积	凸墙梁顶面积	
立面防水面积			平墙梁侧面积	平墙梁侧面积	
保温面积			墙面块料面积	墙面块料面积	

续表

楼地面	踢脚	墙裙	内墙面	外墙面	柱面
			墙面装饰脚手架	墙面装饰脚手架	
				门窗侧壁面积	

天棚	吊顶	保温层	屋面	装饰线条	装饰立面	屋脊线
板底抹灰面积	吊顶面积	面积	屋面面积	体积	立面面积	长度
投影面积	投影面积	体积	保温面积	装饰边1面积	立面周长	
独立梁侧面积	满堂装饰脚手架		保温体积	装饰边2面积		
独立梁底面积			防水面积	装饰边3面积		
板底净面积			平面防水			
满堂装饰脚手架			立面防水			

【注意事项】房间构件只是将其他装饰构件组合在一起，能更快速、准确的生成装饰。

3.10.3　装饰构件的属性定义

3.10.3.1　公共属性信息

（1）顶标高、底标高：一般默认层底、层顶标高值；对于竖向构件，影响计算结果；对于水平构件，只影响构件布置的位置；一层的外墙面、保温层默认取设计地坪标高。

（2）卷边高度或起卷高度：主要影响楼地面、屋面构件的防水防潮层面积计算。

（3）材质信息：各类材质信息只起标记作用，不影响清单定额的自主选择套用。

（4）厚度：为各种做法的总厚度，不影响各层装饰做法清单定额工程量的计算。保温层的厚度需要根据图纸进行输入，如在其外面做外墙面时，影响外墙面的工程量。

（5）三维贴图：三维显示时更形象、直观。

3.10.3.2　定额换算常见情况

（1）定额单位为 m^3，必须在计算代码中乘以该定额涉及的厚度。

（2）定额单位为 m^2，但需要涉及厚度调整时，在该定额的"特征/换算/分类"中，进行相关项目处理。

（3）整体面层和块料面层：两者的计算规则不同，软件中定额已默认好对应的代码情况，只有在需要的情况下才能进行修改。

3.10.3.3　房间（图3-99）

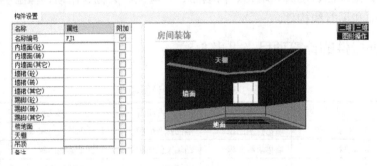

图 3-99

（1）房间名称：根据工程图纸中的房间进行定义。

（2）对应做法：内墙面、墙裙、踢脚、楼地面、天棚、吊顶均需要根据工程实际情况来判断有哪些构件，对于房间做法中涉及的构件，在右侧选择已经定义好的相关做法。几种构件的做法构成房间的做法。

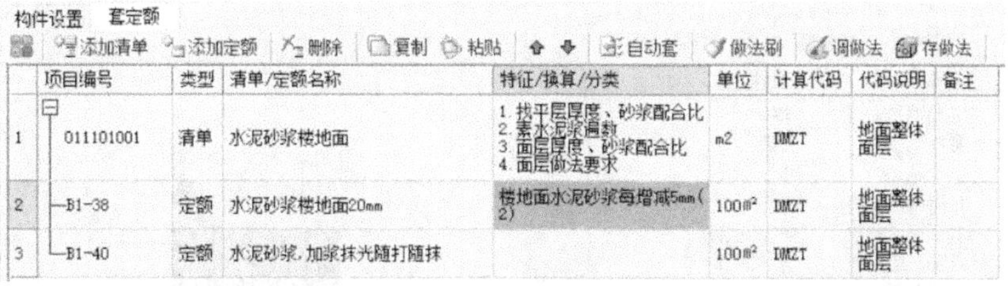

3.10.3.4　楼地面（图 3-100、图 3-101）

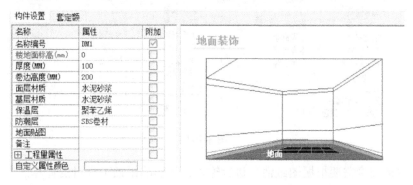

名称	属性	附加
名称编号	DM1	✓
楼地面标高(mm)	0	
厚度(MM)	100	
卷边高度(MM)	200	
面层材质	水泥砂浆	
基层材质	水泥砂浆	
保温层	聚苯乙烯	
防潮层	SBS卷材	
地面贴图		
备注		
⊞ 工程量属性		
自定义属性颜色		

图 3-100

	项目编号	类型	清单/定额名称	特征/换算/分类	单位	计算代码	代码说明	备注
1	011101001	清单	水泥砂浆楼地面	1. 找平层厚度、砂浆配合比 2. 素水泥浆遍数 3. 面层厚度、砂浆配合比 4. 面层做法要求	m2	DMZT	地面整体面层	
2	B1-38	定额	水泥砂浆楼地面20mm	楼地面水泥砂浆每增减5mm(2)	100m²	DMZT	地面整体面层	
3	B1-40	定额	水泥砂浆，加浆抹光随打随抹		100m²	DMZT	地面整体面层	

图 3-101

3.10.3.5　踢脚、墙裙（图 3-102）

名称	属性	附加
名称编号	TJ1	✓
踢脚高度(MM)	150	
块料厚度(MM)	0	
面层材质	水泥砂浆	
基层材质		
三维贴图		
备注		
⊞ 工程量属性		

名称	属性	附加
名称编号	QQ1	✓
墙裙高度(MM)	900	
块料厚度(MM)	0	
面层材质	水泥砂浆	
基层材质	水泥砂浆	
三维贴图		
备注		
⊞ 工程量属性		

图 3-102

3.10.3.6　内墙面、外墙面（图 3-103）

名称	属性	附加
名称编号	NZS1	✓
顶标高(MM)	层高	
底标高(MM)	0	
墙面面层材质	水泥砂浆	
墙面基层材质	水泥砂浆	
墙面贴图		
分层2高度		
分层1高度		
备注		
⊞ 工程量属性		
自定义属性颜色		

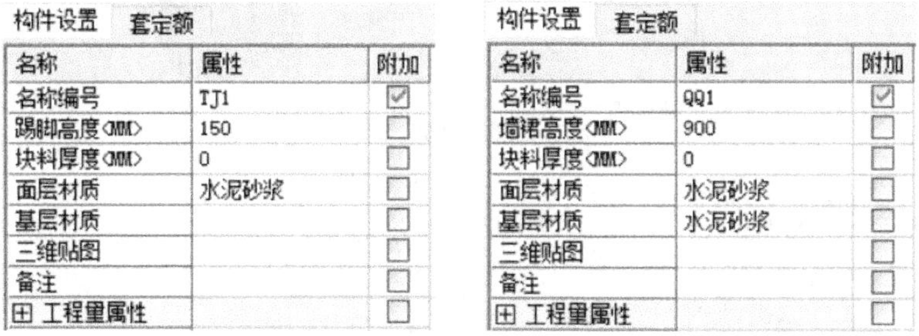

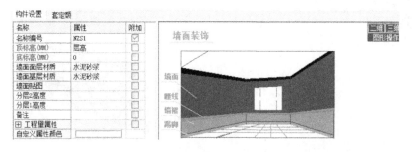

图 3-103

3.10.3.7 天棚、吊顶（图 3-104）

构件设置 套定额

名称	属性	附加
名称编号	TP1	
天棚标高	层高	
面层材质	水泥砂浆	
基层材质	水泥砂浆	
保温层材质	聚苯乙烯	
天棚贴图		
备注		
⊞ 工程量属性		
自定义属性颜色		

构件设置 套定额

名称	属性	附加
名称编号	DD1	
离地高度	2700	
面层材质	水泥砂浆	
基层材质	水泥砂浆	
保温层	聚苯乙烯	
吊顶贴图		
备注		
⊞ 工程量属性		
自定义属性颜色		

图 3-104

吊顶的离地高度需要根据图纸情况进行输入；不影响吊顶工程量的计算，但影响内墙面的面积计算。

3.10.3.8 柱面（图 3-105）

构件设置 套定额

名称	属性	附加
名称编号	ZM1	
顶标高(MM)	层高	
底标高(MM)	0	
所附构件材质	砼	
柱面面层材质	水泥砂浆	
柱面基层材质	水泥砂浆	
柱面贴图		
备注		
⊞ 工程量属性		
自定义属性颜色		

图 3-105

3.10.3.9 保温层（图 3-106）

构件设置 套定额

名称	属性	附加
名称编号	BWC1	
顶标高(mm)	层高	
底标高(mm)	0	
一层底标高(mm)	设计地坪标高	
厚度	100	
保温层材质	聚苯乙烯	
备注		
⊞ 工程量属性		
自定义属性颜色		

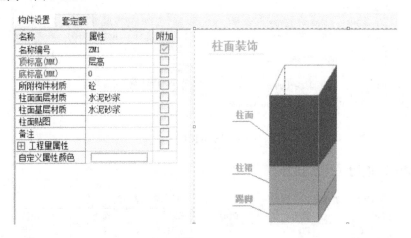

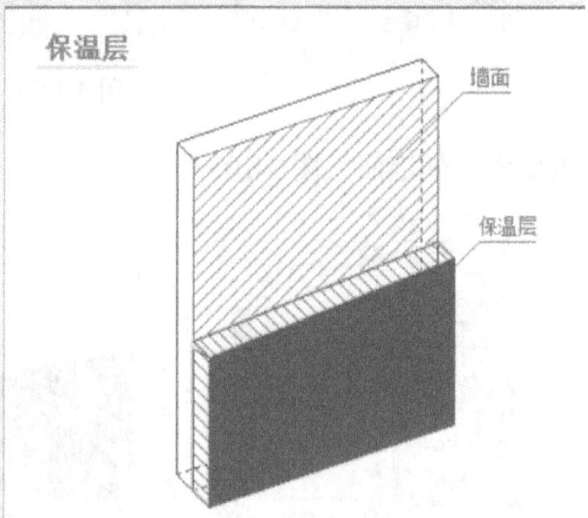

图 3-106

3.10.3.10 屋面（图 3-107）

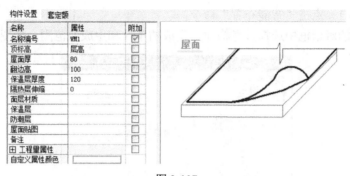

图 3-107

3.10.3.11 装饰线条（图 3-108）

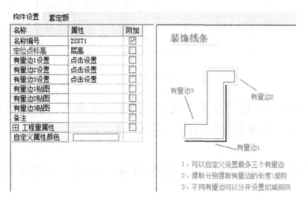

图 3-108

（1）有量边 1 设置、有量边 2 设置、有量边 3 设置可以针对装饰线条的各条边进行设置，支持 3 种做法。

（2）在套定额时选取相应的计算代码即可计算相应的工程量。

3.10.3.12 屋脊线（图 3-109）

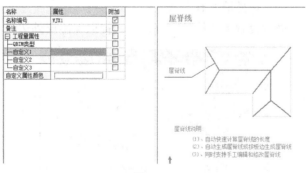

图 3-109

3.10.4 装饰构件的布置方法

3.10.4.1 智能布置

一般使用智能布置，将整层按一个类型的房间进行布置，再使用"名称更换"，把不同的房间替换掉。

操作步骤：（1）点击"智能布置"命令；

（2）在弹出的对话框中选择参考构件、生成的条件和生成的范围，如图 3-110 所示。

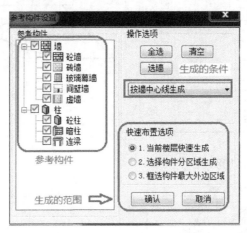

图 3-110

【注意事项】墙构件中心线闭合是生成房间的最主要条件。软件会按所使用的房间所关联的构件做法进行计算，房间未关联的构件不会计算。

3.10.4.2　点击布置

可使用此命令进行单个房间的布置，也可以进行楼地面、天棚等面域构件的布置。

3.10.4.3　绘制装饰

此方法主要适用于单面做法的布置，绘制方法同线性构件。

3.10.4.4　布置门底地面

此命令主要用于门底装饰的布置。

3.10.4.5　按外墙布置

支持按外墙布置的构件有保温层、外墙面、装饰线条等构件。

操作步骤：（1）点击"按外墙布置"按钮；

（2）在弹出的对话框中设置参考构件，确定是否提取保温层外边线，如图 3-111 所示。

图 3-111

【注意事项】（1）此方式布置保温时，无"提取保温层外边线"选项。

（2）布置外墙面时，"提取保温层外边线是否选用影响计算结果"。

3.10.4.6　按板布置

支持的构件包括天棚、吊顶和屋面。

3.10.4.7　自动提取屋脊线、按板布置屋脊线

主要用于屋脊线的提取。

3.10.5　装饰构件的编辑方法

3.10.5.1　设置防水翻边

涉及楼地面和屋面构件，可以对选择构件设置翻边和选择单边设置翻边两种方式。

3.10.5.2　按门窗断开

支持按门窗断开命令的构件有内墙面、保温层和外墙面构件。断面后可以对部分构件进行单独替换。

3.10.6　装饰构件的绘图公共命令

详见本书第 4 章工具栏命令详解中的介绍。

3.10.7　装饰构件的公共修改命令

详见本书第 4 章工具栏命令详解中的介绍。

3.11　基础

3.11.1　基础构件的分类

包括满堂基础、条形基础、独立基础、桩式基础、土方工程和垫层等类型。

3.11.2　基础构件的计算项目（见表 3-9）

表 3-9　基础构件的计算项目

筏板基础								
筏板基础	筏板洞	基础主梁	基础次梁	集水井	排水沟	柱墩	条形加厚	筏板高差
体积	数量	体积	体积	体积	体积	体积	体积	体积
模板面积	洞面积	模板面积	模板面积	模板面积	沟底面积	模板面积	模板面积	模板面积
防水面积	洞周长	防水面积	防水面积	防水面积	沟壁面积	防水面积	防水面积	防水面积
底面面积	板厚	底面面积	底面面积	坑底面积	盖板面积	底面面积	底面面积	底面面积
直面面积		装饰边面积	装饰边面积	坑壁面积				
顶斜面面积		有量边面积	有量边面积					
外墙外侧筏板面积		模板面积（+底模）	模板面积（+底模）					

条形基础		独立基础		
混凝土条基	砖条基	独立基	杯形基	基础连梁
体积	体积	体积	体积	体积
模板面积	平面防潮层	模板面积	模板面积	模板面积
防水面积	立面防潮层	防水面积	防水面积	防水面积
底面面积	底面面积	底面面积	底面面积	底面面积
有量边面积	有量边面积	防水面积（含底面）	防水面积（含底面）	有量边面积
装饰边面积	装饰边面积			装饰边面积
防水面积（含底面）				模板面积（含底面）

人工挖孔桩	数量	桩长度	桩体积	送桩体积		桩成孔	入微风化岩增加费
	土方	凿护壁	护壁混凝土	淤泥增加费		桩心混凝土	入中风化岩增加费
其他桩	数量	桩长度	桩体积	送桩体积			
桩承台	体积	模板面积	防水面积	防水面积（含底面）			
梁式承台	体积	模板面积	防水面积	防水面积（含底面）		有量边面积	装饰边面积

土方工程	基坑土方 基槽土方 大开挖	体积	回填体积	挖土分层1	挖土分层2	挖土分层3	挖土分层4	挖土分层5
		土方支护面积	原土打夯	回填分层1	回填分层2	回填分层3	回填分层4	回填分层5
	房心回填	体积	净面积	厚度	回填分层1	回填分层2		

垫层其他	胎膜	体积	贴混凝土面积			
	条形垫层 独立垫层 满堂垫层	体积	垫层1体积	垫层2体积	垫层3体积	底面面积
		模板面积	垫层1模板	垫层2模板	垫层3模板	

3.11.3 基础构件的属性定义

公共属性包括以下内容。

（1）顶标高、底标高：根据工程标高进行定义；集水井、柱墩、条形加厚、筏板高差与所依附的筏板基础标高有关。

（2）截面类型：支持截面类型选择的构件，可以进行相应的更改。不同截面类型所支持的属性参数不同。

（3）厚度或截面尺寸：根据工程实际情况输入，影响混凝土工程量。

（4）钢筋信息：按相应构件钢筋信息输入格式进行输入。

（5）按板边切割：主要适用于筏板基础、独立基础、柱墩等构件。

3.11.3.1 满堂基础

满堂基础构件包含筏板基础、筏板洞、基础主梁、基础次梁、集水井、排水沟、柱墩、条形加厚和筏板高差等构件，这些构件的定义方法如下。

（1）筏板基础：在进入筏板基础的属性定义对话框后，如图3-112所示。

（2）筏板洞：筏板洞的定义及布置与板洞类似，可参考板洞。

（3）基础主梁、基础次梁：如图3-113所示。

（4）集水井、排水沟：集水井的属性定义对话框如下，如图3-114，排水沟的属性定义与集水井类似。

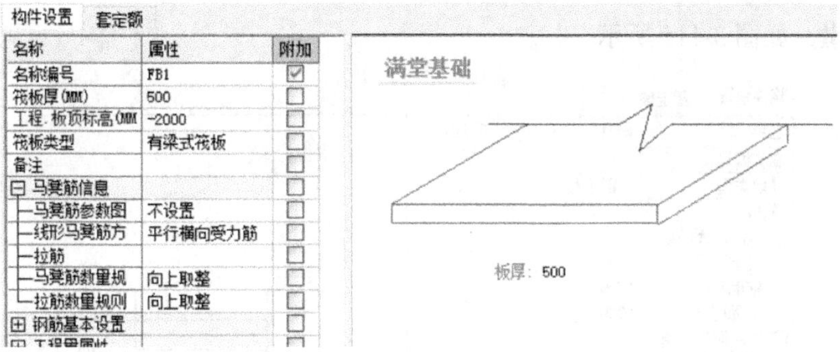

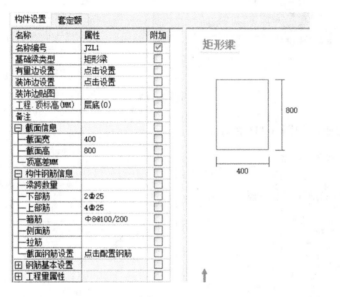

图 3-112

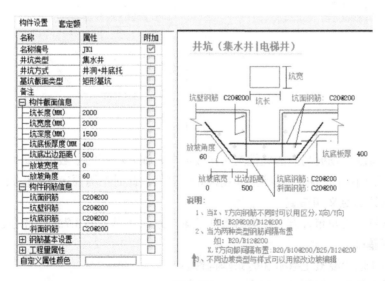

图 3-113

图 3-114

（5）柱墩，如图 3-115 所示。

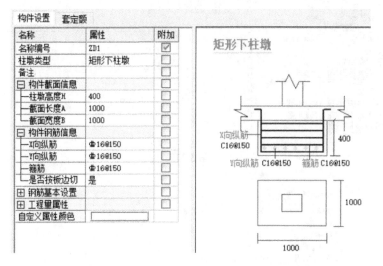

图 3-115

（6）条形加厚，如图 3-116 所示。

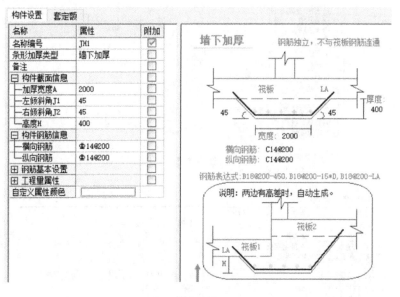

图 3-116

（7）筏板高差　筏板高差的属性定义比较简单，输入相应的参数信息即可。若利用软件自动根据两个不同标高的筏板基础生成筏板高差构件，此时不需要定义截面尺寸。

3.11.3.2　筏板钢筋定义和布置

筏板钢筋的定义和布置方法基本与板筋基本一致，详见本书 3.7.5 板筋的定义和布置。

3.11.3.3　条形基础

形基础构件包含混凝土条基和砖条基构件。

（1）混凝土条基，如图 3-117 所示。

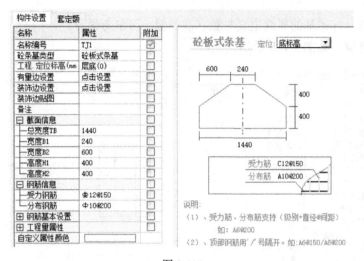

图 3-117

注：图中砼应为混凝土

（2）砖条基，如图 3-118 所示。

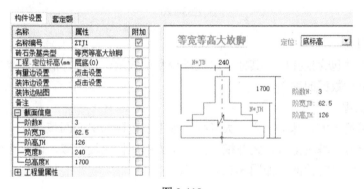

图 3-118

3.11.3.4　独立基础

独立基础构件包含独立基、杯形基和基础连梁构件。

（1）独立基，如图 3-119 所示。

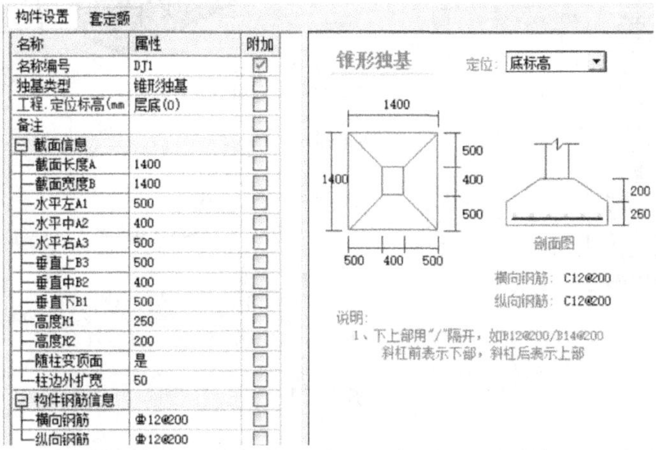

图 3-119

（2）**杯形基** 杯形基的属性定义与独立基类似，可参考学习。

（3）**基础连梁**，如图 3-120 所示。

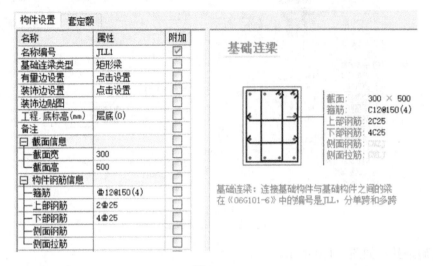

图 3-120

3.11.3.5 桩式基础

桩式基础构件包含挖孔桩、其他桩、桩承台和梁式承台。构件的属性定义主要是根据对应的参数信息进行数据的输入。

3.11.3.6 土方工程

主要包含基槽土方、基坑土方、大开挖、地下室范围和房心回填等。

（1）**基槽土方、基坑土方、大开挖** 三类土方的属性比较类似，以大开挖为例讲解。大开挖土方的属性定义对话框，如图 3-121 所示。

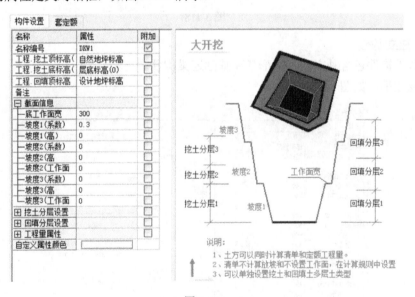

图 3-121

① 正确设置大开挖土方的挖土顶标高（软件默认为自然地坪标高）和挖土底标高；

② 正确设置大开挖土方的回填土顶标高；

③ 正确设置大开挖土方的尺寸、工作面宽度和放坡系数；

④ 根据工程实际情况正确设置大开挖土方的挖土分层厚度（适用于有不同挖土的形式时）；

⑤ 根据工程实际情况正确设置大开挖土方的回填土分层厚度；

⑥ 点击"选择截面（样式）"可以选择不同截面的大开挖土方。

（2）地下室范围、房心回填土　地下室范围和房心回填土的属性定义类似，如图 3-122 所示。

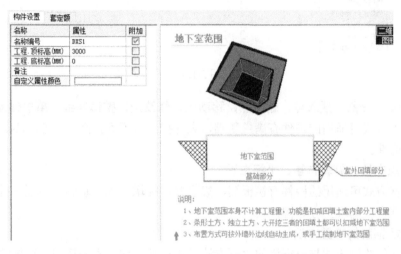

图 3-122

3.11.3.7　垫层其他

包含胎膜、条形垫层、独立垫层和满堂垫层等构件。

（1）胎膜，如图 3-123 所示。

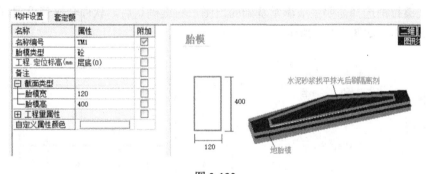

图 3-123

（2）条形垫层、独立垫层、满堂垫层　三类垫层的属性定义类似，以条形垫层为例，如图 3-124 所示。

3.11.4　基础构件的布置和修改方法

3.11.4.1　直线、弧线、逆小弧、矩形

这种布置方式可适用的构件有筏板基础、基础主梁、基础次梁、排水沟、条形加厚、筏板高差、混凝土条基、砖条基、基础连梁、梁式承台、基槽土方、大开挖、地下室范围、房

心回填、胎膜、条形垫层、独立垫层和满堂垫层等构件。

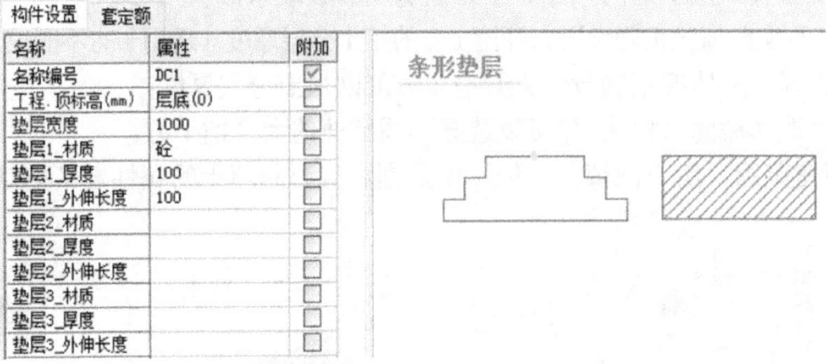

图 3-124

3.11.4.2 合并，分割，插入点，删除点，移动点，修改边，整体伸缩，单边伸缩

这种布置方式可适用的构件有满堂基础、大开挖、地下室范围、房心回填、独立垫层和满堂垫层等构件。

3.11.4.3 单点布置、旋转布置、坐标布置

这种布置方式可适用的构件有筏板洞、集水井、柱墩、独立基础、杯型基础、挖孔桩、其他桩、桩承台、基坑土方等构件。

3.11.4.4 筏板钢筋的布置方法

筏板钢筋的绘制方法与板钢筋的绘制方法基本一致，详见本书第 3.7.5 板筋的定义和布置中板钢筋的相应绘制方法。

3.11.4.5 智能布置满堂基础

操作步骤：（1）点击"智能布置"命令，在弹出的对话框中设置生成满堂基础的参考条件和外扩数值，如图 3-125 所示；

（2）左键拉框选择需要生成满堂基础的范围，右键确认后，软件会按着设置好的条件自动生成满堂基础，如图 3-126 所示。

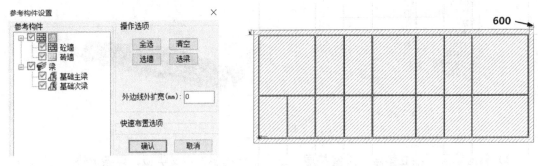

图 3-125　　　　　　　　　　　　　图 3-126

（3）若外扩边数值不一致时，可以先采用较多的数值生成满堂基础后，再利用"整体伸缩""单边伸缩"功能调整即可。

3.11.4.6 设置满堂基础的所有边坡

操作步骤：（1）点击"设置所有边坡"；

（2）选择需要设置边坡的满堂基础，右键确认，弹出下图（图 3-127）；

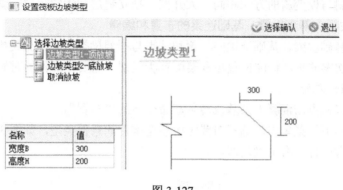

图 3-127

（3）在弹出的对话框中选择边坡类型，输入相应的参数即可。

3.11.4.7　选择构件边设置边坡

操作步骤：（1）点击"选择构件边设置边坡"；

（2）选择需要设置边坡的满堂基础，再左键点选需要设置放坡的边，右键确认；

（3）在弹出的对话框中选择边坡类型，输入参数即可。

3.11.4.8　设置筏板变截面

操作步骤：（1）点击"设置筏板变截面"；

（2）选择需要设置变截面的满堂基础（最少两个），如图 3-128 所示；

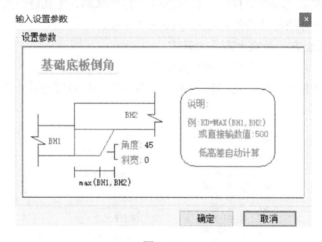

图 3-128

（3）在弹出的对话框中输入角度、斜宽数值即可，三维如图 3-129 所示。

图 3-129

3.11.4.9 设置筏板基础变斜

筏板基础变斜与板变斜的方法相同，大开挖、独立垫层和满堂垫层变斜的方法也类似。

3.11.4.10 基础主梁、基础次梁、基础连梁的布置和编辑

基础主梁、基础次梁、基础连梁的布置和编辑与框架梁类似，详见梁构件的相关命令。基础主梁、基础次梁的平法标注位置与框架梁有所区别，需要在操作的时候注意。

3.11.4.11 布置条形基础

操作步骤：（1）点击混凝土条基或砖条基命令下的"布置"。

（2）在弹出的下拉菜单中，选择布置时所参考构件的条件类型，如图 3-130 所示。

（3）选择参考构件，右键确认即可。

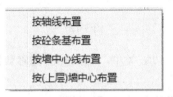

图 3-130

注：图中砼应为混凝土

【注意事项】基础主梁、基础次梁、基础连梁、独立基础、杯形基础、桩承台、梁式承台的"布置"、挖孔桩的"智能布置"与此类似，在此不再赘述。

3.11.4.12 偏移、转角

这些命令适用的基础构件有柱墩、独立基础、杯形基础、挖孔桩、其他桩、桩承台、基坑土方等构件，操作方法与柱构件的相应方法基本一致。

3.11.4.13 布置条形土方、基坑土方、大开挖

操作步骤：（1）点击土方下的相应布置命令。

（2）在弹出的下拉菜单中，选择参考构件的条件类型和布置方式，条形基础如图 3-131 所示。

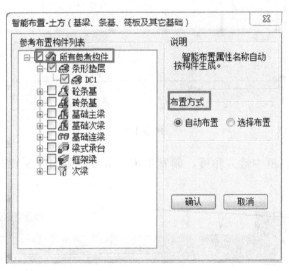

图 3-131

注：图中砼应为混凝土

（3）选择"自动布置"则会全部按已勾选的参考构件自动布置，"选择布置"则需按工程实际情况选择相应的构件，右建确认。

3.11.4.14　大开挖土方的边坡设置

详见满堂基础的边坡设置操作。

3.11.4.15　地下室范围的"提取外墙轮廓"

详见本书 3.10.4.8　按外墙布置一节。

3.11.5　基础构件的绘图公共命令

详见本书第 4 章工具栏命令详解中的介绍。

3.11.6　基础构件的公共修改命令

详见本书第 4 章工具栏命令详解中的介绍。

3.12　零星悬挑构件

3.12.1　零星悬挑构件的分类

零星悬挑构件包括阳台、雨篷、挑檐、栏杆、线式构件、立式构件和参数构件等。

3.12.2　零星悬挑构件的计算项目（见表 3-10）

表 3-10　零星悬挑构件的计算项目

阳台	雨篷	挑檐	压顶	栏杆	线式构件	立式构件
体积(清单)	体积	体积	体积	栏杆长度	体积	体积
阳台模板面积	雨篷模板面积	有量边1面积	有量边1面积	栏杆投影长度	有量边1面积	有量边面积
底板体积	底板体积	有量边2面积	有量边2面积	扶手弯头	有量边2面积	装饰边面积
底板模板面积	底板模板面积	有量边3面积	有量边3面积	栏杆高度	有量边3面积	有量边长1
底板下面装饰面积	底板下面装饰面积	有量边1边长	有量边1边长	栏杆间距	有量边1边长	装饰边长
底板上面装饰面积	底板上面装饰面积	有量边2边长	有量边2边长		有量边2边长	高度
底板侧面装饰面积	底板侧面装饰面积	有量边3边长	有量边3边长		有量边3边长	截面面积
栏板体积	栏板体积	装饰边面积	装饰边面积		装饰边面积	截面周长
栏板模板面积	栏板模板面积	装饰边边长	装饰边边长		装饰边边长	
栏板侧面装饰面积	栏板侧面装饰面积	保温面积	保温面积		保温面积	
栏板顶面装饰面积	栏板顶面装饰面积	防水面积	防水面积		防水面积	
栏板中心线长度	栏板中心线长度	模板面积	模板面积		模板面积	

3.12.3　零星悬挑构件的属性定义

（1）类型　进行不同截面或类型的构件选择。

（2）标高　底标高或面标高。

（3）构件参数　含长度、宽度、高度、板厚等信息，一般对照图纸进行输入即可。

3.12.3.1　阳台属性（图 3-132）

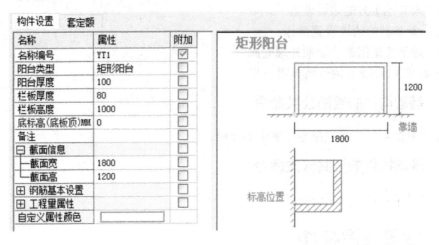

图 3-132

3.12.3.2　雨篷属性（图 3-133）

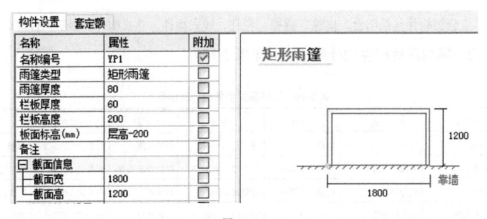

图 3-133

3.12.3.3　挑檐属性（图 3-134）

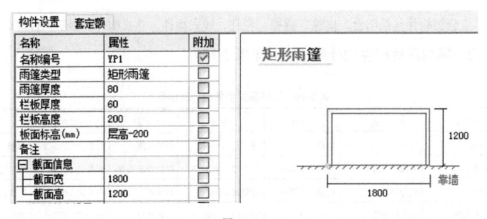

图 3-134

3.12.3.4 压顶属性（图 3-135）

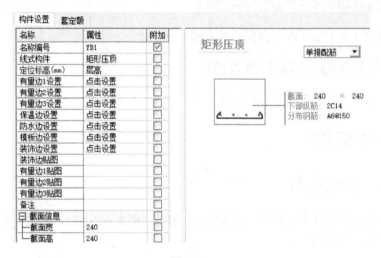

图 3-135

3.12.3.5 栏杆（图 3-136）

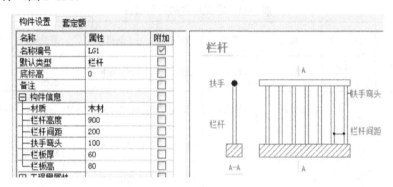

图 3-136

3.12.4 零星悬挑构件的布置和修改方法

3.12.4.1 直线、弧线、逆小弧

这种布置方式适用的构件有阳台、雨篷、挑檐、压顶、栏杆和线式构件等构件。

3.12.4.2 偏移、合并、打断、修剪、导角

这些编辑命令适用的构件有压顶、栏杆、线式构件等构件。

3.12.4.3 附墙布置阳台、附墙布置雨篷

操作步骤：（1）左键点击阳台或雨篷命令下的"附墙布置阳台"或"附墙布置雨篷"；

（2）左键选择需要布置的阳台或雨篷的点即可。

3.12.4.4 设置附墙边

操作步骤：（1）左键点击阳台或雨篷命令下的"设置附墙边"；

（2）左键选择需要设置附墙边的阳台或雨篷，左键选择需要设置为附墙边的边即可。

3.12.4.5 随墙布置

适用于压顶构件。

3.12.5 零星悬挑构件的绘图公共命令

详见本书第 4 章工具栏命令详解中的介绍。

3.12.6 零星悬挑构件的公共修改命令

详见本书第 4 章工具栏命令详解中的介绍。

3.13 零星构件

3.13.1 零星构件的分类

零星构件包括构件加腋、台阶、面式台阶、坡道、散水、地沟、后浇带、脚手架、天井、平整场地和建筑面积等构件。

3.13.2 零星构件的计算项目（见表 3-11）

表 3-11 零星构件的计算项目

构件加腋	台阶	面式台阶	坡道	散水	地沟	后浇带	脚手架	天井	平整场地	建筑面积
体积	台阶投影面积	台阶投影面积	体积	体积	体积	后浇带墙体积	立面面积	面积	周长	建筑面积
模板面积	台阶展开面积	台阶展开面积	投影面积	投影面积	投影面积	后浇带墙的保护墙体积	水平面积	周长	面积	周长
高度	台阶踏步侧面	台阶踏步侧面	模板	模板	模板	后浇带板体积	搭设高度		外放2米面积	系数
截面面积	台阶两端侧面	台阶两端侧面	垫层	垫层	垫层体积	后浇带梁体积				面积增减
截面周长	垫层1体积	垫层1体积	垫层模板	垫层模板	盖板体积	后浇带满基体积				
	垫层2体积	垫层2体积	挡墙	展开面层装饰	粉刷面积	钢丝网片				
	垫层3体积	垫层3体积	展开面层	原始长度	原始长度	止水带				
	踏步数量	踏步数量	侧面装饰			防水面积				
	踏步宽度	踏步宽度	栏杆扶手（M）			墙后浇带加强部分				
	踏步高度	踏步高度	栏杆（M2）			满基后浇带加强部分				
	台阶地面宽度	台阶地面宽度				满基后浇带伸缩缝				
		地面面积				后浇带左右端面积				
						后浇带实体底侧面积				

3.13.3 零星构件的属性定义

3.13.3.1 构件加腋

构件加腋包括梁侧加腋、墙竖向加腋和墙水平加腋等类型。

（1）截面类型：选择合适的截面类型。

（2）尺寸信息：包括加腋类型的长度信息、角度信息等。

（3）标高：涉及顶标高、底标高，根据实际工程进行设置。

（4）钢筋信息：按图纸输入对应的钢筋信息。

（5）梁侧加腋属性，如图 3-137 所示。

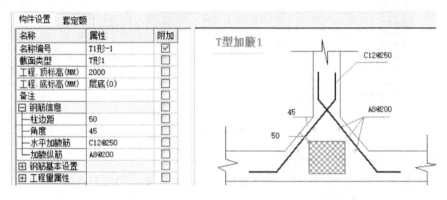

图 3-137

（6）墙竖向加腋属性，如图 3-138 所示。

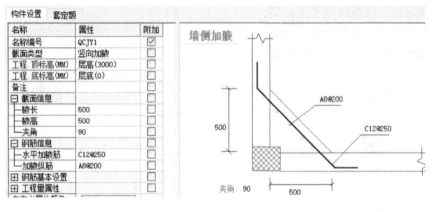

图 3-138

（7）墙水平加腋属性，如图 3-139 所示。

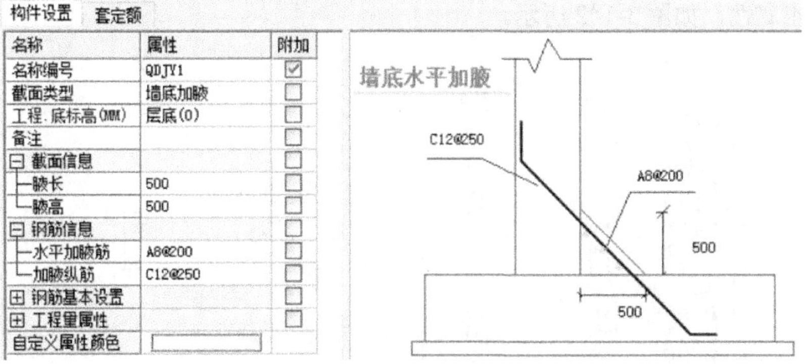

图 3-139

3.13.3.2　台阶、面式台阶属性（图 3-140）

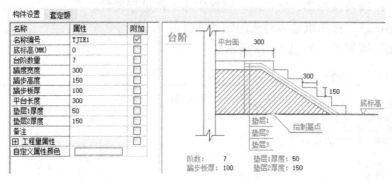

图 3-140

（1）底标高：按图纸进行设置。

（2）相关参数：包括台阶数量、踏步宽度、高度及板厚、垫层厚度。

（3）平台长度：一般默认为 300mm。

3.13.3.3　坡道、散水、地沟

（1）截面类型：选择合适的类型。

（2）顶标高：按图纸定义顶标高。

（3）参数信息：按图纸输入相关尺寸。

（4）坡道属性，如图 3-141 所示。

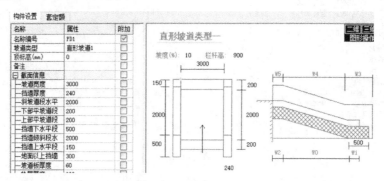

图 3-141

（5）散水属性，如图 3-142 所示。

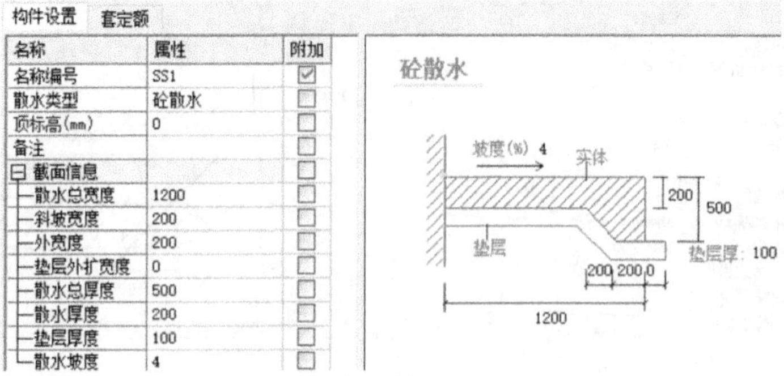

图 3-142

注：图中砼应为混凝土

（6）地沟属性，如图 3-143 所示。

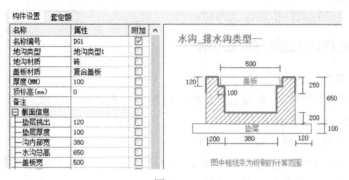

图 3-143

3.13.3.4　后浇带属性（图 3-144）

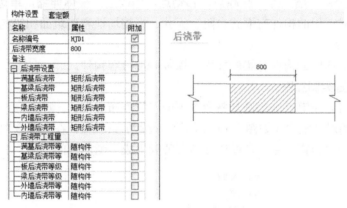

图 3-144

（1）宽度：根据图纸进行设置。

（2）后浇带设置：针对图纸中的后浇带样式进行选择，输入相应的钢筋信息（如图 3-145 所示）。

（3）混凝土等级：一般取"随构件+1"。

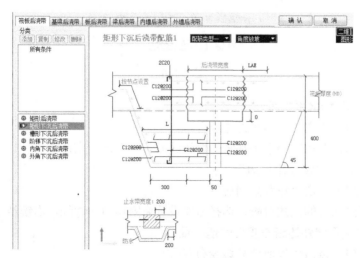

图 3-145

3.13.3.5 平整场地、建筑面积

根据工程需要进行属性信息定义即可。

3.13.4 零星构件的布置和修改方法

3.13.4.1 直线、弧线、逆小弧

这种布置方式适用的构件有墙水平加腋、台阶、面式台阶、散水、地沟、后浇带、脚手架、天井、平整场地和建筑面积等构件。

3.13.4.2 偏移、合并、打断、修剪、导角

这些编辑命令适用的构件有墙水平加腋、台阶、散水、地沟、后浇带和脚手架等构件。

3.13.4.3 单点布置、旋转布置、坐标布置

这种布置方式适用的构件有梁侧加腋、墙竖向加腋、坡道等构件。

3.13.4.4 合并，分割，插入点，删除点，移动点，修改边，整体伸缩，单边伸

这种布置方式适用的构件有面式台阶、天井、平整场地和建筑面积等构件。

3.13.4.5 偏移、旋转

这种布置方式适用的构件有梁侧加腋、墙竖向加腋等构件。

3.13.4.6 智能布置梁侧加腋

操作步骤：（1）左键点击梁侧加腋命令下的"智能布置"。

（2）在弹出的对话框中（如图 3-146 所示），设置加腋类型，在布置选项中选择合适的位置，点击"选择构件布置"后，拉框选择需要智能生成梁侧加腋的范围，右键确认即可。

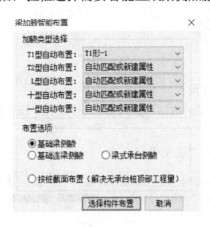

图 3-146

3.13.4.7 单面布置 墙水平加腋

操作步骤：（1）点击"单面布外边线"；

（2）左键点击需要布置墙水平加腋的墙边线即可，右键结束命令。

3.13.4.8 面式台阶需"设置附墙边"

操作步骤：（1）点击"设置附墙边"；

（2）选择已经布置的面式台阶，选择需要设置为附墙边的边线，右键结束命令。

3.13.4.9 散水"提取墙外边线布置"快速布置

操作步骤：（1）点击"提取墙外边线布置"；

（2）在弹出的对话框中（如图 3-147 所示），设置生成的参考构件、快速布置选项和构件

标高，点击确认后，拉框选择生成散水的范围即可。

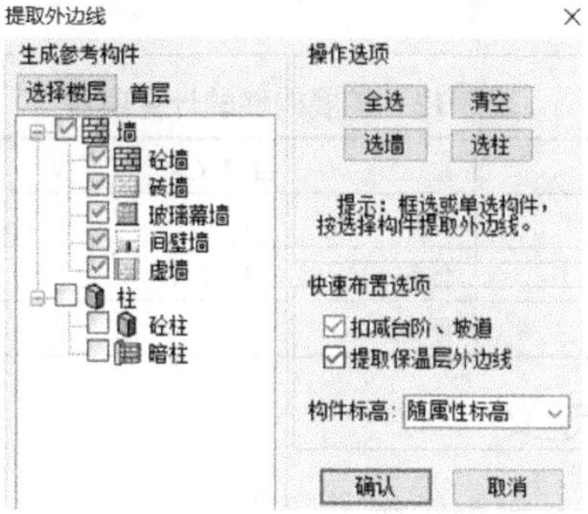

图 3-147

【注意事项】（1）将"扣减台阶、坡道"的选项勾选。

（2）根据实际情况设置生成散水的标高。

3.13.4.10　坡屋面建筑面积

操作步骤：（1）点击"坡屋面建筑面积"；

（2）在弹出的对话框中（如图 3-148 所示），设置生成建筑面积的选项，点击"选择板布置"后，拉框选择生成建筑面积的范围即可。

图 3-148

3.13.5　零星构件的绘图公共命令

详见本书第 4 章工具栏命令详解中的介绍。

3.13.6　零星构件的公共修改命令

详见本书第 4 章工具栏命令详解中的介绍。

3.14　扩展构件

3.14.1　扩展构件的分类

包括自定义点、自定义线、自定义面和自定义体等构件。

3.14.2　扩展构件的计算项目（见表 3-12）

表 3-12　扩展构件的计算项目

自定义点	自定义线	自定义面		自定义体	
数量	截面面积	面积		净体积	上表面积
面积	截面周长	体积	周长	体积	下表面积
高度	长度	厚度		数量	

3.14.3　扩展构件的属性定义

（1）定位标高：软件默认为层底标高。

（2）尺寸信息：输入相应的截面尺寸、高度、厚度等信息。

3.14.3.1　自定义点属性（图 3-149）

3.14.3.2　自定义线属性（图 3-150）

构件设置　套定额		
名称	属性	附加
名称编号	DI1	☑
自定义点类型	默认类型	☐
定位标高(mm)	0	☐
截面宽	200	☐
截面高	200	☐
高度	3000	☐

图 3-149

构件设置　套定额		
名称	属性	附加
名称编号	XI1	☑
自定义线类型	默认类型	☐
定位标高(MM)	层高	☐
截面宽	200	☐
截面高	300	☐

图 3-150

3.14.3.3　自定义面属性（图 3-151）

3.14.3.4　自定义体属性（图 3-152）

构件设置　套定额		
名称	属性	附加
名称编号	MI1	☑
自定义面类型	默认类型	☐
定位标高(MM)	层高	☐
厚度	100	☐

图 3-151

构件设置　套定额		
名称	属性	附加
名称编号	TI1	☑
自定义体类型	立面旋转体	☐
定位标高(mm)	0	☐
旋转立面〈异型〉	空	☐
旋转等分〈数量〉	4	☐

图 3-152

自定义体类型有立面旋转体、上下拉伸体、二级拉伸体、椎形板、球形板和三维文字等类型，（如图 3-153 所示）。

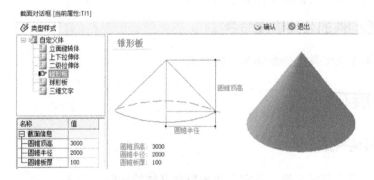

图 3-153

3.14.4　扩展构件的布置和修改方法

3.14.4.1　直线、弧线、逆小弧

　　适用于自定义线、自定义面等构件。

3.14.4.2　偏移、合并、打断、修剪、导角

　　适用于自定义线构件。

3.14.4.3　单点布置、旋转布置、坐标布置

　　适用于自定义点和自定义体等构件。

3.14.4.4　合并，分割，插入点，删除点，移动点，修改边，整体伸缩，单边伸缩

　　适用于自定义面构件。

3.14.5　扩展构件的绘图公共命令

　　详见本书第 4 章　工具栏命令详解中的介绍。

3.14.6　扩展构件的修改命令

　　详见本书第 4 章　工具栏命令详解中的介绍。

第**4**章

工具栏命令详解

常见公共操作命令如图 4-1 所示。

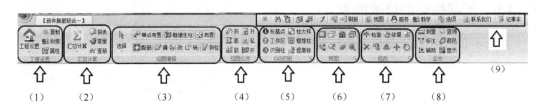

图 4-1

（1）工程设置及相关命令；（2）汇总计算及相关命令；（3）绘图编辑及相关命令（已在本书第 3 章结合各个构件介绍）；（4）绘图公共命令；（5）CAD 识别命令（详见本书第 7 章）；（6）视图及相关命令；（7）修改及相关命令；（8）公共及相关命令；（9）菜单栏中的相关命令；（10）右键菜单中的相关命令

4.1 工程设置工具栏

主要包括工程设置、楼层复制、工程拼接、属性功能，其中工程设置又包括图 4-2 所示的菜单功能。

图 4-2

4.1.1 工程设置

点击"工程设置"，软件弹出"工程基本信息"及"楼层设置""楼层参数设置""工程算量设置""钢筋算量设置"的整体界面，相关功能已在本书第 3 章中介绍。

4.1.2 【工程算量】计算规则

点击【工程算量】计算规则功能，可以对工程的计算规则和实物量报表进行设置。

4.1.2.1 计算项目

可以在此页面设置实物量报表中显示的计算项目，如图 4-3 所示。

图 4-3

4.1.2.2 扣减规则

可以在此页进设置计算项目的扣减规则。点开某个计算项目后，在弹出的对话框中可以进行设置，如图 4-4 所示。

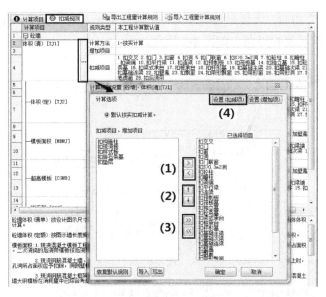

图 4-4

（1）可以用来单条添加或移除扣减项目。

（2）可以用来调整扣减项目的上下顺序。

（3）可以一次性全部添加或移除扣减项目。

（4）可通过"设置扣减项"来增加或减少所显示出来的扣减项目。

4.1.3 工程对比

点击"工程对比"功能，可以将两个量筋合一工程的计算结果进行对比，如图 4-5 所示。

图 4-5

（1）当前打开的为审核工程，需要选择送审工程，然后点击"开始工程对比审核"。

（2）可进行清单量对比、定额量对比和钢筋量对比，可以查看并导出对比结果。

（3）审核工程和送审工程都必须先汇总计算后才可以进行对比。

4.1.4 外部清单设置

"外部清单设置"功能，主要是可以将 Excel 的清单导入到软件中，并在构件属性定义的时候引用。外部清单设置的界面，如图 4-6 所示。

图 4-6

（1）点击"导入外部清单"，选择需导入的清单 Excel 文件。

（2）进行 Excel 匹配，正确设置项目编号、项目名称、项目特征和计量单位，点击确认即可。

（3）导入的外部清单，在构件属性套清单时，可以在补充清单库下面查询到。

4.1.5　工程量自动套做法设置

该功能主要是对工程中的自动套模板进行查看和修改，一般不建议用户自行修改。

自动套做法分为"清单模式"和"定额模式"两种情况，并对钢筋自动套实行整体设置。

4.1.6　楼层复制（多选复制）

点击"楼层复制（多选复制）"，可以将某一楼层的选中构件复制到其他楼层，如图 4-7 所示。

图 4-7

（1）源楼层：需要特别注意，此处一定要选择正确（如首层）。

（2）目标楼层：可以单选或多选；如果选择单楼层，执行复制后会切换到该楼层；如果选择多个楼层，执行复制后会停留在源楼层。

（3）要复制的构件：可以选择整层构件也可以选择单独构件；默认显示的是构件大类，将"区分构件属性"勾选，则可以显示具体构件名称。

（4）执行楼层复制后，则会将目标楼层中的对应构件覆盖掉。

4.1.7　工程拼接（选择工程）

该功能可以将已经做好的两个或者多个工程拼接在一起，成为一个工程，如图 4-8 所示。

（1）点击"选择工程"按钮，选择需要拼接的工程。

（2）点击需要导入工程的楼层，点击确认即可。拼接后的效果如图 4-9 所示。

图 4-8

图 4-9

4.1.8　快速复制图元到其他层

该功能可以某层的部分构件复制到其他层相同位置处。

（1）点击"快速复制图元到其他层"，选择需要原位复制的构件，右键确认，如图 4-10 所示。

（2）在弹出的对话框中选择需要复制到的楼层，点击确认即可。

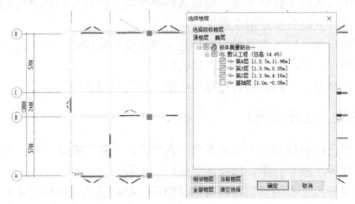

图 4-10

4.1.9　构件复制

该功能可以对楼层中的构件进行复制，与"构件粘贴"关联使用。

（1）点击"构件复制"，选择需要复制的构件，右键确认。

（2）左键设置被选中构件的基准点，如图 4-11 所示。

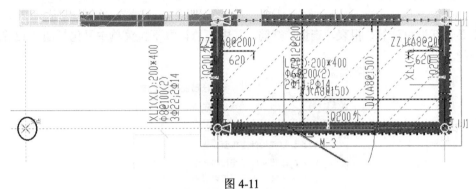

图 4-11

4.1.10　构件粘贴

该功能可以将已经复制的构件粘贴到合适的位置，需要在"构件复制"后使用，可以跨楼层使用。

4.1.11　块写出

该功能可以将工程中的部分构件进行导出，与"块读进"配合使用。

（1）点击"块写出"，选择需要复制的构件，右键确认。

（2）左键设置被选中构件的基准点，如图 4-12 所示。

（3）选择保存位置、设置保存名称后，点击"保存"即可。

图 4-12

4.1.12　块读进

该功能可以对已经进行过"块写出"的构件进行粘贴，需要在"块写出"执行后使用，可以在不同的工程之间进行。

4.1.13 属性

点击"属性",可直接进入到软件的"属性定义"窗口当中,详见本书第 3 章内容。

4.2 汇总计算工具栏

主要包括汇总计算、报表、查量、查筋。其中汇总计算下拉菜单中又包括图 4-13 所示的菜单功能。

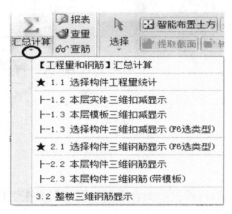

图 4-13

4.2.1 汇总计算

使用该功能对工程进行汇总计算,并生成相应的报表。

(1)点击"汇总计算",弹出对话框如图 4-14 所示。

(2)选择要计算的内容,默认勾选"工程算量"和"钢筋"算量,同时建议勾选"强制刷新构件。

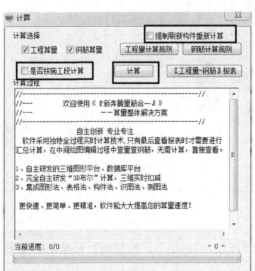

图 4-14

（3）“重新计算”，然后点击“计算”按钮，软件开始进行计算。

4.2.2 报表

该功能用于查看工程已汇总计算后的报表结果。

点击“报表”命令，并在报表类型中选择相应的报表，如图 4-15 和图 4-16 所示。

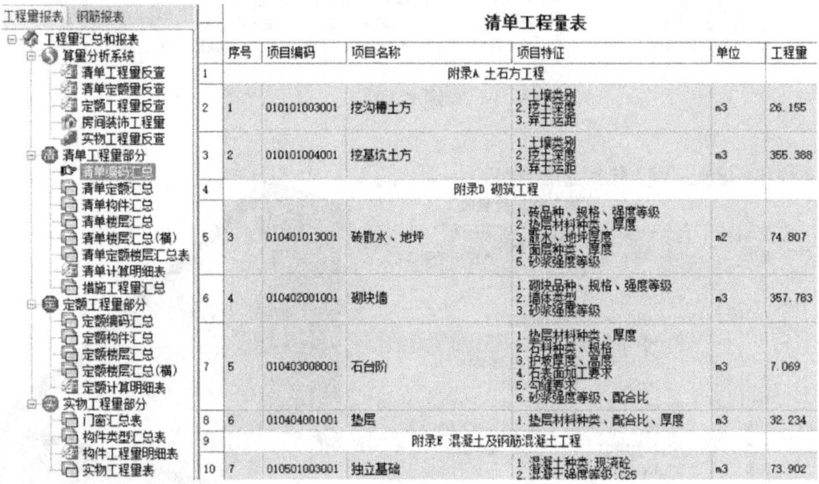

清单工程量表

	序号	项目编码	项目名称	项目特征	单位	工程量
1	附录A 土石方工程					
2	1	010101003001	挖沟槽土方	1. 土壤类别 2. 挖土深度 3. 弃土运距	m3	26.155
3	2	010101004001	挖基坑土方	1. 土壤类别 2. 挖土深度 3. 弃土运距	m3	355.388
4	附录D 砌筑工程					
5	3	010401013001	砖散水、地坪	1. 砖品种、规格、强度等级 2. 垫层材料种类、厚度 3. 散水、地坪厚度 4. 面层种类、厚度 5. 砂浆强度等级	m2	74.807
6	4	010402001001	砌块墙	1. 砌块品种、规格、强度等级 2. 墙体类型 3. 砂浆强度等级	m3	357.783
7	5	010403008001	石台阶	1. 垫层材料种类、厚度 2. 石料种类、规格 3. 护坡厚度、高度 4. 石表面加工要求 5. 勾缝要求 6. 砂浆强度等级、配合比	m3	7.069
8	6	010404001001	垫层	1. 垫层材料种类、配合比、厚度	m3	32.234
9	附录E 混凝土及钢筋混凝土工程					
10	7	010501003001	独立基础	1. 混凝土种类:现浇砼 2. 混凝土强度等级:C25	m3	73.902

图 4-15

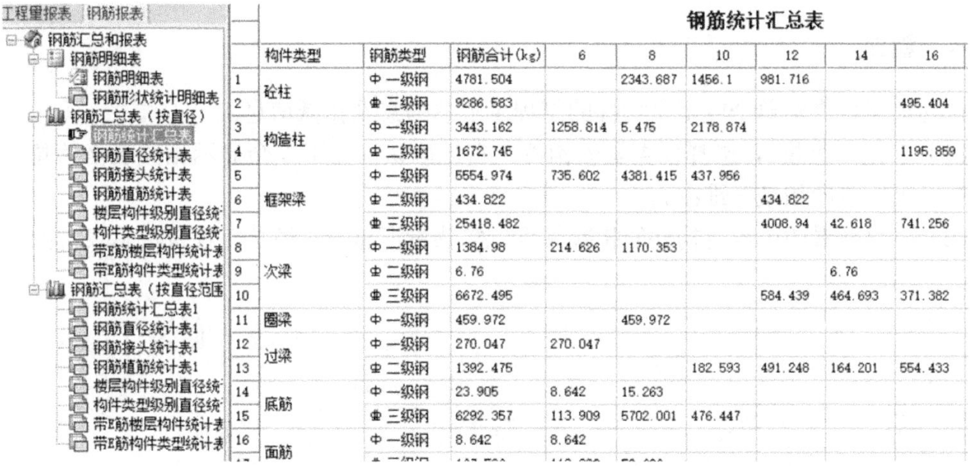

钢筋统计汇总表

	构件类型	钢筋类型	钢筋合计(kg)	6	8	10	12	14	16
1	砼柱	中 一级钢	4781.504		2343.687	1456.1	981.716		
2		亜 三级钢	9286.583						495.404
3	构造柱	中 一级钢	3443.162	1258.814	5.475	2178.874			
4		亜 二级钢	1672.745						1195.859
5	框架梁	中 一级钢	5554.974	735.602	4381.415	437.956			
6		亜 二级钢	434.822				434.822		
7		亜 三级钢	25418.482				4008.94	42.618	741.256
8	次梁	中 一级钢	1384.98	214.626	1170.353				
9		亜 二级钢	6.76					6.76	
10		亜 三级钢	6672.495				584.439	464.693	371.382
11	圈梁	中 一级钢	459.972		459.972				
12	过梁	中 一级钢	270.047	270.047					
13		亜 二级钢	1392.475			182.593	491.248	164.201	554.433
14	底筋	中 一级钢	23.905	8.642	15.263				
15		亜 三级钢	6292.357	113.909	5702.001	476.447			
16	面筋	中 一级钢	8.642	8.642					

图 4-16

报表主要分为“工程量报表”和“钢筋量报表”，并分别显示不同的报表分类，详见本书第 6 章介绍。

4.2.3 反查工程量

该功能可以将报表中计算公式对应的构件在图形界面显示出来。

（1）在报表中选择需要反查的构件计算公式，点击“反查工程量”，如图 4-17 所示。

（2）在图形区域就会以虚线的方式显示出对应的构件，如图 4-18 所示。

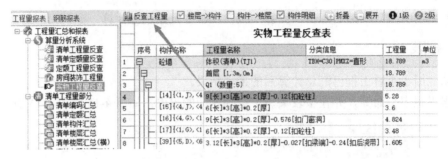

图 4-17

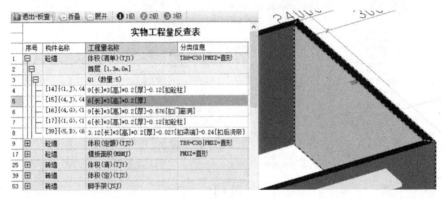

图 4-18

4.2.4　查量

该功能可以查看单个或多个构件的工程量汇总信息及扣减信息。

（1）点击"查量"，选择要查量的构件，右键确认，在下方会显示相关表格信息，绘图区域会显示对应的扣减三维图。

（2）可以查看的内容有构件的扣减关系、实物量汇总表、做法工程量汇总表，如图 4-19 所示。

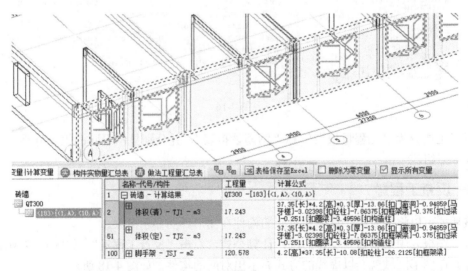

图 4-19

4.2.5　查筋

该功能可以查看单个或多个构件的钢筋工程量计算信息、汇总信息。

（1）点击"查筋"，选择需要查筋工程量的构件，在下方会显示出来表格信息，在绘图区域会显示对应的钢筋三维和"钢筋显示细节控制"，如图 4-20 所示。

（2）可以查看的表格内容有钢筋明细列表、钢筋按构件统计两种。

（3）"钢筋显示细节控制"根据构件不同所显示类别不同，可通过勾选钢筋三维显示的种类。

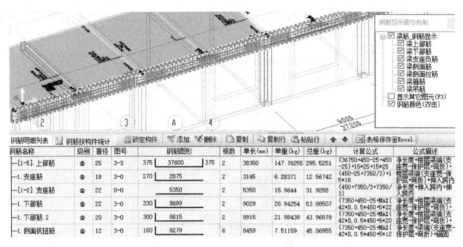

图 4-20

4.2.6　选择构件工程量统计

该功能可对所选择的构件进行工程量统计。

（1）点击"选择构件工程量统计"，在图上选择需要统计的构件，右键确认，弹出如图 4-21 所示。

（2）可以查看所选构件的工程量、清单工程量和定额工程量，并可以导出报表。

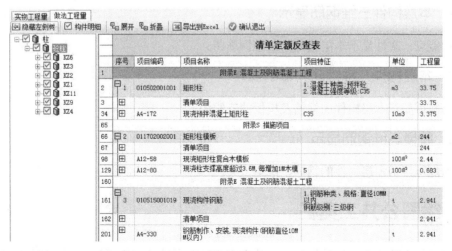

图 4-21

4.2.7 本层实体三维扣减显示

该功能可显示本层实体的三维图。

4.2.8 本层模板三维扣减显示

该功能可显示本层构件模板的三维图。

4.2.9 选择构件三维扣减显示

该功能可以对构件所设置的计算项目进行三维扣减显示。选择构件的计算项目如图 4-22 所示。

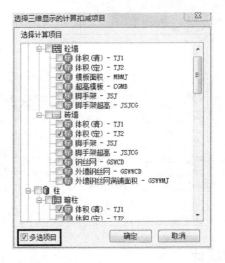

图 4-22

4.2.10 选择构件三维钢筋显示

该功能可显示所选择构件的钢筋三维。

4.2.11 本层构件三维钢筋显示

该功能可一次性显示本层构件的三维钢筋图。

4.2.12 本层构件三维钢筋（带模板）

该功能可显示本层构件的钢筋及模板的三维图。

4.2.13 整楼三维钢筋显示

该功能可显示本层构件的钢筋三维图。

4.3 绘图公共工具栏

主要包括构件变斜、构件提升、调整高度、私有属性、钢筋平法标注、构件对齐功能。

4.3.1　构件变斜

该功能主要用于将构件变为斜向构件，如斜板斜梁的生成，已在本书第 3 章介绍具体使用。

4.3.2　构件提升

该功能包括"提升"和"下降"两大类操作，如图 4-23 所示。

（1）"提升"主要针对板顶的提升。

（2）"下降"分为下降到基础或板顶、板底；当选择下降到基础时，会弹出基础参考构件选择框，如图 4-23 右侧所示。

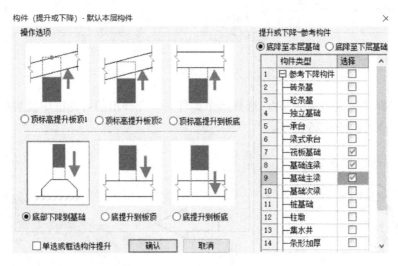

图 4-23

4.3.3　调整高度

该功能主要用于调整绘图区域的构件的高度，选择不同的构件，所提示的界面稍有区别。以墙体为例介绍具体操作。

（1）点击"调整高度"命令，将出现修改构件高度的几种方式，如图 4-24 所示：

图 4-24

（2）选择"选择构件修改标高"，选择构件，右键确认后将弹出输入对话框，如图 4-25

所示。

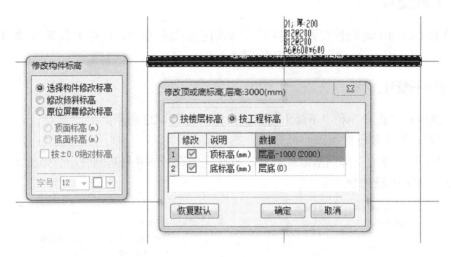

图 4-25

（3）若选择"修改倾斜标高"，选择单个构件后，在弹出的对话框中设置起点和终点的顶标高和底标高，如图 4-26 所示。

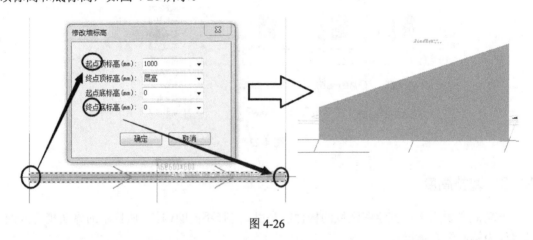

图 4-26

（4）若选择"原位屏幕修改标高"，选择构件后，根据实际情况输入数据，如修改标高为"500"，确定完成后，表示墙底离楼面距离为 500mm。当勾选按工程±0.00 绝对标高时，此时输入的数值为绝对标高值。

4.3.4　私有属性

该功能主要用于修改绘图区域中构件的属性与整体属性不同时的设置。

4.3.5　钢筋平法标注

该功能针对不同构件可进行不同的平法操作。

（1）对框架柱主要的设置如图 4-27 所示，其中自动判断边角柱一般在柱顶所在层进行设置。

（2）对梁构件钢筋平法标注已在本书第 3 章介绍。

（3）对板筋构件，主要的设置如图 4-28 所示。

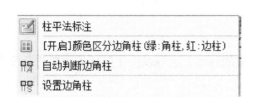

图 4-27　　　　　　　　　　　　　　　图 4-28

4.3.6　对齐

该功能可以使一个构件的边线以另一个构件的边线为基准线进行对齐，以柱边线与墙边线平齐为例，首先选择的构件边线为基准线，后选择的构件边线会与之自动对齐，可连续多选。

4.4　视图工具栏

主要包括二维显示、三维显示、整体显示、线框模式与整体模式切换、动态平移、动态缩放、动态旋转、选择全显。

4.4.1　二维显示

该功能主要使三维显示状态下的构件切换到平面显示状态。

4.4.2　三维显示

该功能将对本层绘图区域显示构件进行三维显示。

4.4.3　整楼显示

该功能可对当前工程所有楼层或部分楼层的构件进行三维显示，如图 4-29 的楼层选择。

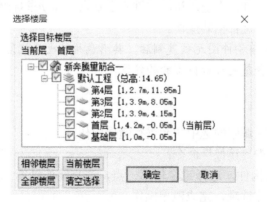

图 4-29

4.4.4　线框模式与实体模式切换

该功能主要使显示方式在线框模式与实体模式之间进行切换。线框模式只显示框件的边线，实体模式会将构件范围进行填充显示。

4.4.5　动态平移

该功能可将图形平面进行上、下、左、右的移动。也可以按住鼠标的滚轮进行平移操作。

4.4.6　动态缩放

该功能可将图形进行放大缩小的查看。按动鼠标的滚轮向前向后推动也可实现，滚轮向前为放大，滚轮向后为缩小。

4.4.7　动态旋转

该功能可以对三维显示状态的构件进行旋转查看。

4.4.8　选择全显

该功能用于将所以绘图区域已有构件显示出来。

4.5　修改工具栏

主要包括删除、复制、镜像、移动、旋转、检查、修复等功能。

4.5.1　删除

该功能主要用于删除绘图区域不需要的图元，执行时弹出确认提示，点击"是"，完成操作。

4.5.2　复制

该功能主要用于将绘图区域已存在的构件图元复制到其他位置。

操作步骤：（1）点击"复制"命令；

（2）选择要复制的构件，右键确认，左键确定基点，移动鼠标到需要粘贴的位置左键点击确认，可移动鼠标继续进行粘贴操作。

【注意事项】（1）当前构件图元被复制后，其附属构件也会被复制。

（2）复制构件时不会覆盖目标位置的构件图元。

4.5.3　镜像

该功能可以对绘图区域中的选中图元进行镜像操作。

操作步骤：（1）点击"镜像"命令；

（2）选择要镜像的构件，选择镜像轴第一点，选择镜像轴第二点，在弹出的界面（如图 4-30）中选择一个操作选项，完成镜像操作。

图 4-30

【注意事项】（1）当前构件图元被镜像后，其附属构件也会被镜像。

（2）镜像构件时不会覆盖目标位置的构件图元。

4.5.4　移动

该功能可将选中构件移动到其他位置。

操作步骤：（1）点击"移动"命令；

（2）选择要移动的构件，右键确认，左键确定一个基点，确定移动方向并输入数值或移动鼠标到合适的位置左键点击确认位置。

【注意事项】（1）当前构件图元被移动后，其附属构件也会被移动。

（2）移动构件时不会覆盖目标位置的构件图元。

4.5.5　旋转

该功能主要用于对当前选中构件进行角度旋转。

操作步骤：（1）点击"旋转"命令；

（2）选择要旋转的构件，右键确认，左键确定一个旋转基点，输入旋转角度完成操作。

4.5.6　检查

该功能主要用于对当前层构件进行合法性检查。

操作步骤：点击"检查"命令，软件会自动提示可能存在的问题（如图 4-31 所示）。

另外可以在检查设置中设置相关的检查内容（如图 4-32 所示）。

图 4-31　　　　　　　　　　　　　　　　　　图 4-32

4.5.7 修复

该功能主要用于当前层存在问题的构件图元进行修复，可以选择需要修复的内容（如图 4-33）。

图 4-33

4.6 公共工具栏

主要包括测量、查询、标注、自定义颜色、显示控制等功能。

4.6.1 测量

包括测量长度、测量夹角、测量面积三个方面。

其中测量长度可进行两点距离、三点弧长、三维状态及线构件长度测量；面积测量可以测量自行绘制的面域，也可以测量面构件。

4.6.2 查询

该功能包括查看工程量属性信息、做法信息、计算结果、钢筋属性信息、坐标信息五个命令。

4.6.3 标注尺寸

该功能包括布置文字、旋转文字、编辑文字、直线标注、圆弧标注、连续标注、整轴标注、删除标注或文字八个命令。

4.6.4 颜色

该功能包括修改构件颜色、恢复自定义颜色、恢复所有自定义颜色和设置构件默认颜色四个方面。

4.6.5 辅助

该功能包括辅助直线、辅助弧线、伸缩轴线、平行偏移、区域剪切、修改轴号、定位点、角度点和删除九个命令。

4.6.6　显示控制

该功能主要用于控制绘图区域显示的构件类型及文字信息（如图 4-34）。

"锁定显示"未勾选时，绘图区域所显示的构件随所操作的构件进行变化；"锁定显示"勾选时，绘图区域所显示的构件为"显示控制"界面的设置的内容，不随操作构件变化。

图 4-34

4.7　菜单栏

主要包括显示工具命令分组名称、快速查找构件、构件属性选择、属性替换、修改替换构件属性、格式刷、显示快捷操作命令、刷新、视图九个命令。

4.7.1　显示工具命令分组名称

该功能主要用于控制是否显示出各个命令工具栏的名称，如图 4-35 所示。

图 4-35

4.7.2　快速查找构件

该功能主要用于绘图区域图元构件的查找。例如查找属性名称中包含"C"的构件图元位置（如图 4-36 所示）。

图 4-36

4.7.3 构件属性选择

该功能主要用于对当前所选构件进行过滤筛选，使所先构件更符合当前操作的需要。

（1）构件属性选择可针对具体的构件属性名称，例如只选择图中的 **KZ1** 和 **KZ3** 构件（图 4-37）。

（2）该功能可结合各种选择构件的操作使用。

4.7.4 属性替换

该功能主要用于对绘图区域的构件图元属性进行替换，一般在同类型构件中进行。

操作步骤：（1）点击 "属性替换" 命令；

（2）左键选择要修改的构件，右键确认，在弹出"构件属性替换"对话框中，选择替换后的构件属性（如图 4-38 所示），点击确定。

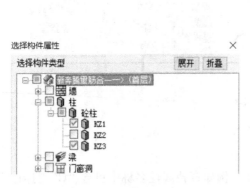

图 4-37

图 4-38

4.7.5　修改替换构件属性

该功能主要用于将布置好的构件进行相近类型的属性替换。

操作步骤：（1）选择需要修改类型的构件，点击"修改替换构件属性"按钮，弹出对话框（如图 4-39）；

（2）在需要修改的构件前勾选，在转换后类型中进行选择，点击"转换类型"，完成操作。

图 4-39

4.7.6　格式刷

该功能可以将构件进行属性的名称或标高进行替换。

操作步骤：（1）点击"格式刷"按钮，在弹出的对话框中设置是复制属性名称还是构件标高（如图 4-40），左键选择需要源构件；

（2）然后，左键选择需要格式刷修改的目标构件，完成后右键结束命令。

图 4-40

4.7.7　显示快捷操作命令

详见本书附录表 1 常用快捷键。

4.7.8　刷新

使用该功能，可以将构件重新刷新。

4.7.9　视图

视图支持的方式如图 4-41 所示，可根据使用需要随时进行切换。

图 4-41

4.7.10　系统设置

点击菜单栏"选项"，在下拉菜单中选择"系统设置"，弹出窗口（图 4-42）所示。

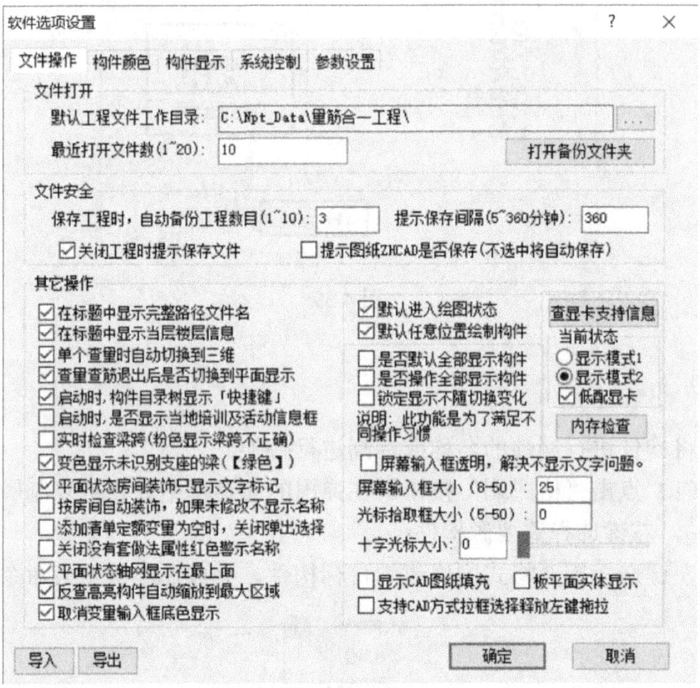

图 4-42

4.8　右键菜单

量筋合一软件中，鼠标在不同的位置点击右键，所弹出来的菜单功能是不同的。有些功能在其他章节已做介绍，此处仅对前面未涉及的常用功能做介绍。

4.8.1　属性定义界面的右键菜单功能

打开属性定义窗口，在窗口左侧构件名称处点击右键，会出现图 4-43 中所示的菜单。

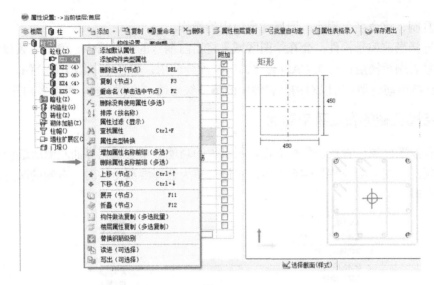

图 4-43

（1）添加默认属性、复制（节点）、删除选中（节点）：主要用于各构件属性的添加、复制、删除。

（2）重命名：主要用于修改已建立的构件名称。

（3）排序（按名称）：功能执行后，可以使当前类别的构件按名称进行排序，主要在手工建模时的定义的构件名称不规律时使用。

（4）读进、写出：可以将已建好的属性名称"写出"保存；在其他工程中进行"读进"，节省了属性定义的时间。

（5）删除没有使用属性：工程完成后，可以使用此功能，将没有用到的多余属性删除，可以多构件多个属性一起删除。

4.8.2　构件属性列表的右键菜单功能

在软件整个界面左侧的"构件属性列表"处，点击鼠标右键，所出现的功能菜单如图 4-44 所示。

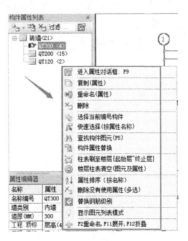

图 4-44

（1）复制、重命名、删除：同属性窗口中的操作。

（2）选择当前编号构件：会在绘图区域只将当前编号的构件选中，便于后续操作。

（3）柱表刷至楼层：会在 CAD 转化的时候配合使用，将在本书第 7 章介绍。

（4）替换钢筋级别：可以对构件属性中的钢筋级别统一进行替换，可以多构件一同执行。

4.8.3　绘图区域的右键菜单功能

在软件绘图区域位置点击鼠标右键，所出现的功能菜单会根据界面左侧所选构件的不同而有点区别，如图 4-45 和图 4-46 所示，左侧的图为选择混凝土柱时，右侧的图为选择墙构件或梁构件时。

图 4-45　　　　　　　　　　　　　　　图 4-46

（1）最上面的选项，一般为所选构件最常用到的布置方式，如柱构件的"单点布置"、墙梁构件的"直线布置"等。

（2）按当前编号选择：同"选择当前编号构件"。

（3）构件编辑操作：删除、移动、复制、镜像、对齐等功能的使用同前面章节所介绍的内容；放在右键菜单是为了更便于选择。

（4）软件系统设置：同"选项"菜单下的"系统设置"。

第**5**章

表格算量

5.1 表格算量简介

量筋合一算量软件中的"表格算量"是作为建模部分的补充，主要用于处理不好在建模部分处理的构件工程量或钢筋计算，如图 5-1 所示。

图 5-1

5.2 表格构件工程算量

表格构件工程算量主要是用于处理构件工程量的计算。

（1）点击"添加"按钮，选择"添加构件向导"，弹出"工程算量构件库"窗口，如图 5-2 所示。

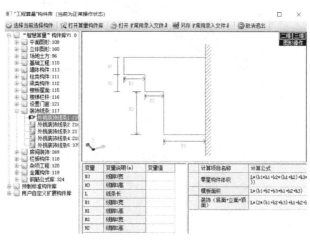

图 5-2

（2）选择对应的图形，点击"选择当前选择构件"，输入构件名称及相应的尺寸如图 5-3 所示，然后点击"当前工程量计算"。

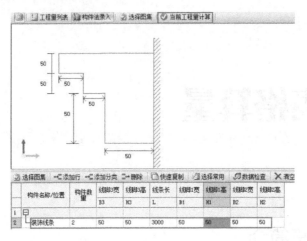

图 5-3

5.3 表格构件钢筋算量

表格构件铜币有算量主要是用于处理构件钢筋量的计算。

（1）点击"添加"按钮，选择"添加构件向导"，弹出"选择构件钢筋算量"窗口。

（2）选择对应的图形，点击"确定"，修改钢筋信息（如图 5-4 所示），然后点击"当前钢筋计算"。

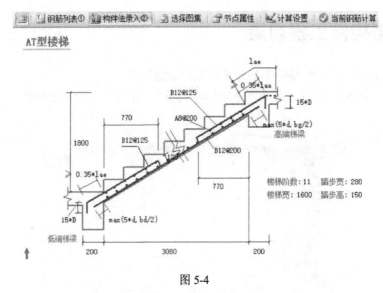

图 5-4

第6章

报表预览和导出数据

6.1 报表分类

量筋合一算量软件中报表分为工程量报表和钢筋量报表两个大类。

6.1.1 工程量报表

工程量报表分为四种：算量分析系统，清单工程量部分，定额工程量部分，实物工程量部分。每种下面又分为不同的报表，如图 6-1 所示。

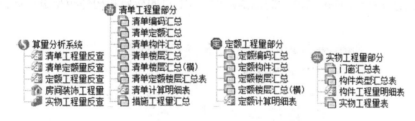

图 6-1

（1）清单编码汇总表：显示各清单项目的汇总工程量。

（2）清单定额汇总表：显示各清单项目及相关定额的汇总工程量。

（3）房间装饰工程量：以房间名称分类汇总所套清单定额项目工程量。

（4）定额编码汇总表：显示定额项目的汇总工程量。

（5）门窗汇总表：显示各门窗属性的汇总工程量及各楼层数量。

6.1.2 钢筋报表

钢筋报表分为三种：钢筋明细表，钢筋汇总表（按直径），钢筋汇总表（按直径范围）。每种下面又分为不同的报表，如图 6-2 所示。

（1）钢筋明细表：显示各构件钢筋的具体计算明细。

（2）钢筋直径统计表（按直径）：显示各个钢筋直径的重量统计。

图 6-2

（3）钢筋接头统计表（按直径）：显示各种接头类型及对应直径的统计数量。

（4）钢筋统计汇总表 1（按直径范围）：根据直径公类显示对应的钢筋汇总重量。

6.2 报表相关功能及设置

6.2.1 构件范围筛选

该功能主要用于设置报表统计的范围，可以对汇总的楼层和构件类型进行选择，如图 6-3 所示。

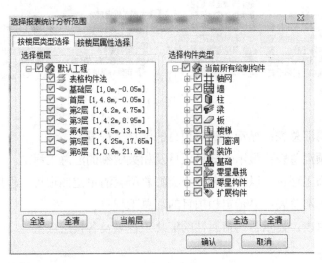

图 6-3

单构件属性在各层的工程量统计：选择"按楼层属性选择"，在所需要单独统计的构件上点击右键，选择"全选所有同名节点"（如图 6-4），确认后即显示该构件的统计明细表，如图 6-5 所示。

图 6-4

	楼层	构件名称	工程量名称						
			体积(清)	体积(定)	脚手架	钢丝网面积(	钢丝网面积(	钢丝网面积(	墙长
1	当前所有楼层	总计	1829.545	1829.545	10184.281	8655.72	8655.72	0	3522.754
2	第5层	合计	358.038	358.038	1984.759	1654.361	1654.361	0	608.85
3	Q200	合计	358.038	358.038	1984.759	1654.361	1654.361	0	608.85
99	第4层	合计	381.171	381.171	2114.651	1824.748	1824.748	0	615.819
100	Q200	合计	381.171	381.171	2114.651	1824.748	1824.748	0	615.819
186	第3层	合计	372.625	372.625	2111.828	1784.216	1784.216	0	650.386
187	Q200	合计	372.625	372.625	2111.828	1784.216	1784.216	0	650.386
282	第2层	合计	333.593	333.593	1882.255	1643.856	1643.856	0	593.159
28?	Q200	合计	333.593	333.593	1882.255	1643.856	1643.856	0	593.159
?66	首层	合计	349.497	349.497	1954.215	1642.916	1642.916	0	539.164
367	Q200	合计	349.497	349.497	1954.215	1642.916	1642.916	0	539.164
448	基础层	合计	34.62	34.62	136.573	105.623	105.623	0	515.577
449	Q200	合计	34.62	34.62	136.573	105.623	105.623	0	515.577

清单工程量部分
　清单编码汇总
　清单定额汇总
　清单构件汇总
　清单楼层汇总
　清单楼层汇总（横）
　清单定额楼层汇总表
　清单计算明细表
　措施工程量汇总
定额工程量部分
　定额编码汇总
　定额构件汇总
　定额楼层汇总
　定额楼层汇总（横）
　定额计算明细表
实物工程量部分
　门面洞汇总表
　构件类型汇总表
　构件工程量明细表
　实物工程量表

图 6-5

6.2.2　构件工程量显示

该功能可以根据需要对报表中构件的计算项目进行修改，如图 6-6 所示。

【构件工程量】- 计算变量显示控制

展开　折叠　☑全部选择　☐全清　☑确认退出

新奔腾里筋合一
　墙
　　砼墙
　　砖墙
　柱
　梁
　板
　楼梯
　门窗洞
　装饰
　基础
　零星悬挑
　零星构件

	工程量名称	工程量代码	单位	输出
1	砼墙			
2	体积(清单)	TJ1	m3	☑
3	体积(定额)	TJ2	m3	☑
4	模板面积	MBMJ	m2	☑
5	超高模板(整体计算)	CGMB	m2	☑
6	超高模板(分段计算)	CGMBFD	m2	☑
7	超高次数	CGCS	次	☐
8	分层超高(1-10)	CGMB1	m2	☐
9	脚手架	JSJ	m2	☐
10	脚手架超高	JSJCG	m2	☐
11	墙宽	KD	m	☐
12	墙高	GD	m	☐
13	墙长	CD	m	☐
14	墙净长度	JCD	m	☐

图 6-6

6.2.3 设置

报表设置界面如图 6-7 所示,其中"钢筋报表设置"中的直径分类条件影响"钢筋汇总表(按直径范围)"的各个钢筋报表。

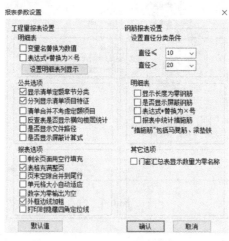

图 6-7

6.2.4 反查工程量

该功能已在本书第四章介绍。

6.2.5 折叠、展开

该功能可以对报表中的内容进行折叠或展开的操作,方便查看。

6.2.6 工程量明细计算式

该功能支持详细查看构件的计算明细,如图 6-8 所示。

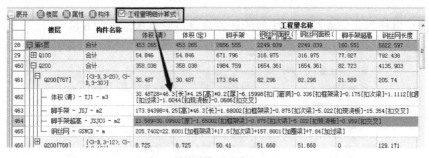

图 6-8

6.3 报表预览、打印、导出

6.3.1 报表打印预览

该功能支持对报表进行打印预览。

6.3.2　导出 Excel

包括"当前导出 Excel"和"批量导出 Excel"两个选项。

（1）当前导出 Excel：可以将当前显示的报表导出到 Excel。

（2）批量导出 Excel：在弹出的对话框中选择需要导出的多个报表，如图 6-9 所示。

图 6-9

6.4　量筋合一工程模型数据与计价软件接口

6.4.1　读入算量工程

操作步骤：（1）打开新奔腾计价软件 PT2018，在新建工程过程中（如图 6-10 所示），点击"从算量文件中导入数据"按钮，弹出"导入算量数据"窗口；

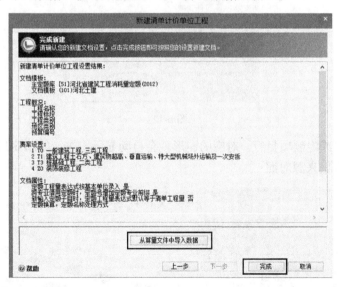

图 6-10

（2）点击"浏览"，选择需要接收的算量工程，点击"打开"；

（3）按照软件提示操作，点击"确定"，量筋合一工程模型就导入到 PT2018 软件中了，如图 6-11 所示。

图 6-11

6.4.2 清单定额项目与算量模型对照

操作步骤：（1）在分部分项工程量清单界面下，打开"浏览"下的"即时定位"，如图 6-12 所示；

图 6-12

（2）选择清单或定额项目行，对应的图形就会自动显示出来，如图 6-13 所示，实现清单定额与三维图形数据来源对照；

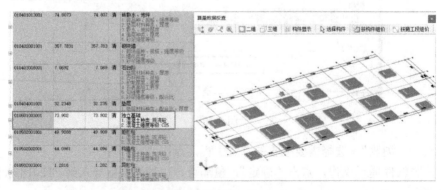

图 6-13

（3）在PT2018软件中打开"明细栏"，点击"计算表"，可以对应显示构件的三维位置，如图6-14所示。

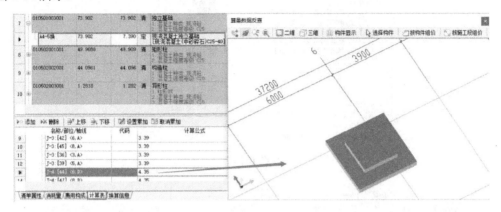

图 6-14

6.4.3 框图出价

操作步骤：（1）在PT2018软件中显示量筋合一软件工程，如图6-15所示；

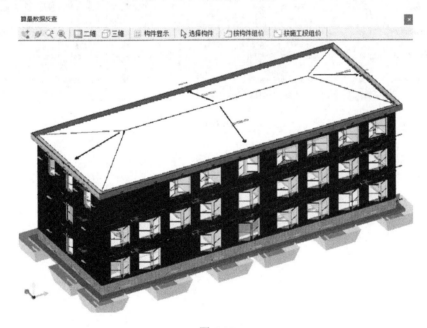

图 6-15

（2）点击"构件显示"，勾选要汇总的构件，如2层所有构件（如图6-16），也可以通过"选择构件"的方式进行构件框选，然后点击"确定"；

（3）点击"构件直接组价"，软件会将选中构件自动汇总，如图6-17所示；

（4）点击"保存"按钮，就可以将汇总后的计价内容单独保存为一个单位工程文件。该单位工程会继承原计价工程数据中的换算信息、材机调整、费用计取等内容，不需要再次进行调整。

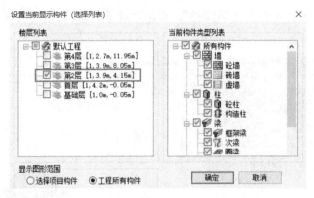

图 6-16

项目编码	工程量表达式	工程量	类别	项目名称	单位	单价	合价	暂估价
010502002001	1.624	1.624	清	构造柱 1.混凝土种类:预拌砼 2.混凝土强度等级:C20	m3	407.52	661.81	0.00
010503002001	8.219	8.219	清	矩形梁 1.混凝土种类:预拌砼 2.混凝土强度等级:C30	m3	332.40	2732.00	0.00
010503005001	1.0144	1.014	清	过梁 1.混凝土种类:预拌砼 2.混凝土强度等级:C20	m3	412.95	418.73	0.00
010504001002	49.399	49.399	清	直形墙 1.混凝土种类:预拌砼 2.混凝土强度等级:C30	m3	357.33	17651.74	0.00
010505003002	54.0476	54.048	清	平板 1.混凝土种类:预拌砼 2.混凝土强度等级:C30	m3	318.96	17239.15	0.00
010505008001	1.5051	1.505	清	雨篷、悬挑板、阳台板 1.混凝土种类:预拌砼 2.混凝土强度等级:C30	m3	414.33	623.57	0.00
010506001001	1.813	1.813	清	直形楼梯 1.混凝土种类 2.混凝土强度等级	m2;m3	400.00	725.20	0.00
010801001001	3.36	3.380	清	木质门 1.门代号及洞口尺寸 2.镶嵌玻璃品种、厚度	樘;m2	131.42	441.57	0.00

图 6-17

第7章

量筋合一 CAD 转化

7.1 量筋合一软件转化识别的工作原理

7.1.1 CAD 图中一般构件信息的表示

在 CAD 图中，墙、梁、板、柱、独立基础等建筑构件的大小尺寸、钢筋信息一般是通过 CAD 图中构件线的信息和文本标注的信息来反映的，如图 7-1 所示。

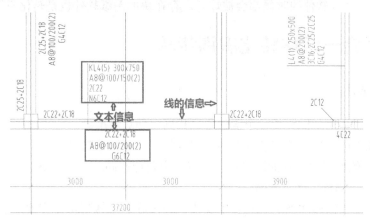

图 7-1

量筋合一软件的 CAD 转化和识别功能，就是根据墙、梁、板、柱、独立基础等构件在 CAD 图中的这些线的信息和文本标注，来判断构件长度、大小、类型以及钢筋信息的，把这些信息转化和识别成软件能够算量的信息的过程。

在转化识别时，导入的 CAD 图纸必须有完整的标注信息和实际线的长度信息，才能正确地转化；否则，是不能正确转化的。

7.1.2 CAD 转化和识别前的注意点

7.1.2.1 导入软件的 CAD 图纸必须是 1∶1 的比例，不然就不能进行 CAD 识别转化

一般图纸在图名处都会给大家标明一个比例（如 1∶100、1∶50 等），但这个比例与软

件中要求的图纸比例没有关系。

软件要求导入的 CAD 图纸必须是 1 : 1 的比例，是指 CAD 图纸中所绘制的线的实际长度与标注的长度是一致的，这样的图纸就是 1 : 1 比例的，如图 7-2 所示。

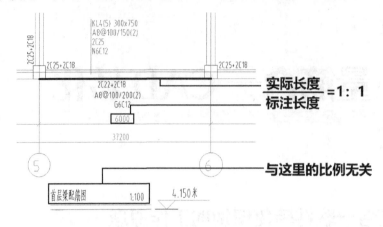

图 7-2

在此图纸基础上，量筋合一软件转化识别后的构件大小与实际的构件大小也就保持了一致，软件才能正确计算工程量，否则就是不对的。

7.1.2.2　存在块的 CAD 图纸转化不了

CAD 图纸在读入软件的时候都会被炸开，存在块的图纸软件也是转化不了的。

7.2　量筋合一软件转化识别步骤

7.2.1　基点选定

作用 1： 在同一层中能够使各个构件定位相同，使算量准确。

作用 2： 在不同楼层中能够使各个构件定位相同，使算量准确。

在量筋合一软件转化识别的过程中，基点一定要选择同一个点，不能随意变动，不然构件位置不准确，工程量也就不准确。

基点选定不一定是①轴线和 A 轴的交点，只要在各个楼层操作方便的点就可以。如图 7-3 所示，此图的基点就没有选择①轴线和 A 轴的交点，而选择③轴线和 D 轴上柱的一个交点为基点的。

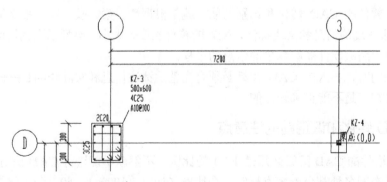

图 7-3

7.2.2　选取工作区

一般情况下，CAD 图纸是把整个工程各个层的墙、梁、板、柱、独立基础等建筑构件的全部图纸放在一个文件中，当把文件调入到软件中进行转化识别时，一般的处理方法都是先将各个层的墙、梁、板、柱、独立基础等建筑构件图纸分别分割提取后放置到各个楼层再进行转化识别工作，整个过程费时费力。

量筋合一软件转化识别时有自己独特的操作方法，把 CAD 图纸分割提取的工作用"工作区"的概念代替，方便实用。

量筋合一软件"工作区"的概念是指把需要转化识别的 CAD 图纸选定为"工作区"，转化识别功能只对选定部分的 CAD 图纸起作用，其他没有被选定为"工作区"的 CAD 图纸不被转化识别，这样就很方便地解决了烦琐的图纸分割问题。

图 7-4 中带有的虚线的部分就是表示量筋合一软件被选定为"工作区"的边框范围，这时候转化识别的 CAD 图纸就只对范围内选定部分起作用。

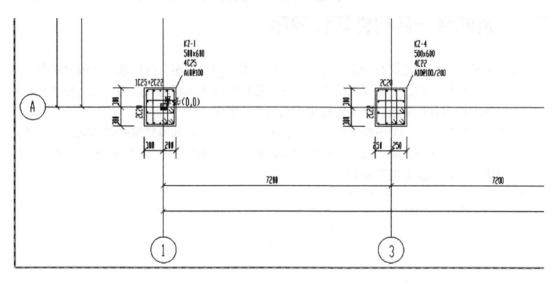

图 7-4

7.2.3　提取线的信息和文本标注信息

墙、梁、板、柱、独立基础等建筑构件在 CAD 图纸中，一般是通过线的信息和文本标注信息来反映构件的大小和配筋等信息的，量筋合一软件转化识别的过程就是将这些线的信息和文本标注信息转化成量筋合一软件能够计算工程量和钢筋量的信息过程。

量筋合一软件对 CAD 图纸中的墙、梁、板、柱、独立基础等建筑构件转化识别的操作方法是一样的，都要提取各个构件的线的信息和文本标注信息，并且要提取完整后才能够转化识别。如图 7-5 中轴网的识别及图 7-6 中柱的识别。

墙、梁、板、独立基础等建筑构件转化识别和轴网、柱的操作过程是完全一致的。

图 7-5   图 7-6

7.3 量筋合一各构件转化顺序

建筑物的各个构件之间有一定的关联性，有"谁是谁的支座"的问题。一般来说有了支座构件之后才会有在其之上的其他构件，不然其他构件就无从谈起，故构件之间应该有先后顺序，这种顺序也就是量筋合一软件转化识别构件的顺序。

量筋合一软件对 CAD 图纸中的墙、梁、板、柱、独立基础等建筑构件转化识别时就是依据这种关联关系顺序，成为软件正确的转化识别构件的顺序（图 7-7），按照这样的顺序软件识别过来的构件才能正确算量。

图 7-7

7.4 量筋合一软件各构件转化流程

7.4.1 CAD 文件调入的操作

7.4.1.1 单个 CAD 文件的调入

操作步骤：（1）点击"添加图纸"或右键菜单中"添加图纸"（如图 7-8），弹出选择图纸文件对话框；

（2）选择需要转化的文件，点击打开，图纸就调入到软件中了。

7.4.1.2 转化钢筋符号

一般情况下，量筋合一软件在将 CAD 图纸调入软件的同时，会将图纸中规定的特殊符号（如%%130）转化为软件可识别的符号。但是有些 CAD 图纸调入软件后，特殊符号还是没有全部转化为软件可识别的符号，此时就需要转化钢筋符号。如图 7-9 所示。

图 7-8

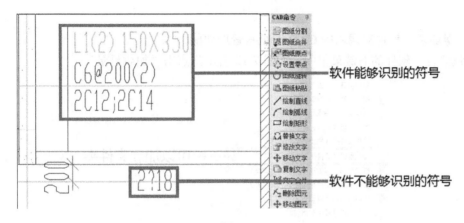

图 7-9

操作步骤：

（1）点击菜单栏"CAD 命令"中的"替换文字"进行钢筋符号自动转化设置，如图 7-10 所示；

图 7-10

（2）点击"拾取屏幕文字"，在 CAD 图纸中选择没有转化为软件可识别的符号"2? 18"后，这个符号就添加到最后行，然后只删掉 2 和 18，在对应的"替换后的文字"行添加"A""B""C"，保存退出就可以替换成软件可识别的符号，替换后的效果如图 7-11 所示。

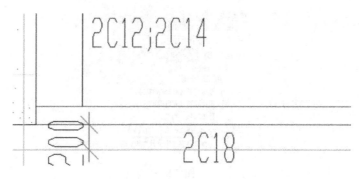

图 7-11

7.4.1.3 量筋合一软件对调入的 CAD 图纸有管理功能

在量筋合一软件的右键菜单中，如图 7-12 所示，点击"加载目录"。

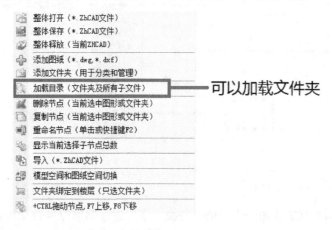

图 7-12

通过上面的功能就可以把 CAD 文件夹及其文件全部调入到软件中，对 CAD 文件夹及其文件可以进行树形目录（图 7-13）的管理。

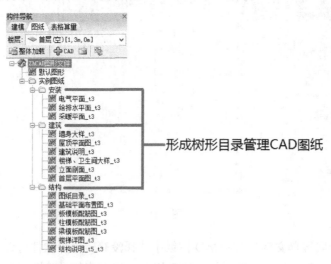

图 7-13

7.4.2　CAD 文件轴网转化的操作流程

操作步骤：（1）选择菜单中的"识别轴网"，弹出对话框；

（2）点击"提取轴线、轴号、标注"中的"提取"按钮，直接在绘图区拾取选择轴线、轴号、标注，一般图纸的轴符包含圆圈、圈内数字、引出线，然后点右键，相应图层即直接进入对话框（图 7-14）；

（3）点击下一个命令"轴网识别"，轴网就转化识别过来了。

图 7-14

7.4.3　CAD 文件柱转化的操作流程

操作步骤：（1）选择菜单"识别柱"，弹出对话框；

（2）提取柱边线：点击 "提取"按钮，直接在绘图区拾取选择柱边线，点击右键，该图层即直接进入对话框，如图 7-15 所示。

提取柱标注、引出线、钢筋骨架：点击"提取"按钮，直接在绘图区内拾取选择柱标边、引出线、钢筋骨架线，点击右键，该图层即直接进入对话框，如图 7-15 所示。

图 7-15

（3）点击"识别柱构件及钢筋"命令，柱子及钢筋信息就全部转化识别了。

7.4.4　CAD 文件墙转化的操作流程

操作步骤：（1）选择菜单"识别墙"，弹出对话框；

（2）提取墙边线、提取墙标注、门窗边线及标注后，点"识别砌体墙及门窗洞"就可以把墙体识别过来。

7.4.5　CAD 文件梁转化的操作流程

操作步骤：（1）选择菜单"识别梁"，弹出对话框；

（2）提取梁的边线、集中标注和原位标注（图 7-16），注意提取集中标注时一定要同时提取"引线"，根据这些提取出的元素点"识别梁构件及钢筋"进行识别。

图 7-16

7.4.6　CAD 文件板筋转化的操作流程

操作步骤：（1）选择菜单"识别板"，弹出对话框；

（2）CAD 图纸中的板有板名称、板厚等信息时，提取板名称、板厚、标高信息（图 7-17），点"识别转化"板就会自动识别；

图 7-17

（3）点"识板筋"按钮，弹出对话框（图 7-18）；

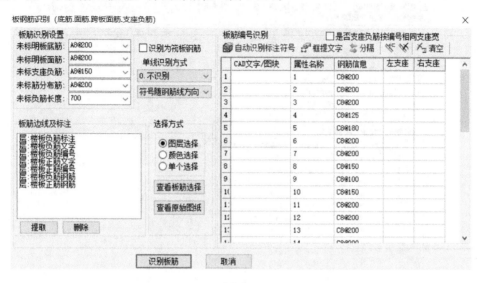

图 7-18

（4）提取板筋边线及标注，如果 CAD 图板筋的标注使用①、②、③等序号表示时，需要再点击"自动识别标注符号"后，再点"识别板筋"来自动识别板筋。

7.4.7　CAD 文件独立基础转化的操作流程

操作步骤：（1）选择菜单"识别独基"，弹出对话框；

（2）提取边线及标注文字（图 7-19），点"识别构件"独立基础及钢筋就识别过来。

图 7-19

7.4.8　CAD 文件门窗表转化

操作步骤：（1）选择菜单"识别门窗表"，弹出对话框；

（2）点击"框选识别区域"，框选 CAD 图中门窗表的范围，软件自动识别门窗表的属性（图 7-20），点击"应用表格提取"，门窗表的属性就添加到相应构件属性下面了。

图 7-20

7.5 各个构件不同类型标注的 CAD 图纸的转化方法及注意点

7.5.1 墙 CAD 图纸的转化方法及注意点

7.5.1.1 剪力墙 CAD 图纸的转化方法及注意点

一般剪力墙的 CAD 图纸都会有墙体表信息，如图 7-21。

墙体配筋表

墙号	墙厚 mm	水平分布筋(双排)	垂直分布筋(双排)	拉筋	拉筋水平向间距 mm	拉筋垂直向间距 mm
Q1	250	C12@200	C12@150	C6	600	600
Q2	250	C12@200	C10@200	C6	600	600
Q3	200	C12@200	C10@200	C6	600	600

图 7-21

遇到这样的 CAD 图纸，转化识别的操作步骤如下。

（1）选择菜单"识别剪力墙表"，弹出对话框；

（2）点击"框选识别区（追加）"，在 CAD 图纸上用鼠标左键框选墙体配筋表，在框选时，只要框选了墙名称、厚度、水平钢筋、竖向钢筋、拉筋信息等与算量有关的信息就可以了，没有必要框选全部表格内容，框选识别区后，弹出对话框（如图 7-22）。

然后再修改添加表中的拉筋信息后，点击"应用表格提取"，这样墙体的钢筋等全部信息就会生成剪力墙的属性，如图 7-23 所示；

（3）在"校基点"、选择工作区后，点击"识别墙"，后面的操作就与"7.4.4 CAD 文件墙转化的操作流程"中描述的一致了。

图 7-22

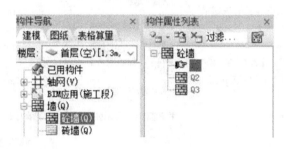

图 7-23

【注意事项】

（1）先转化墙表信息，生成墙体属性。

（2）在墙体识别的过程中，在"识别类型"中选择"识别剪力墙（按名称）"（图 7-24）。

（3）提取墙标注、门窗边线及标注中，如果没有门窗边线及标注可以不提取。

图 7-24

7.5.1.2 砌体墙 CAD 图纸的转化方法及注意点

一般砌体墙的 CAD 图纸和剪力墙不一样，没有墙表等信息，在转化识别的过程中参照"7.4.4 CAD 文件墙转化的操作流程"中的操作就可以完成转化识别。

【注意事项】

（1）在转化墙之前，先要选择菜单"识别门窗表"，弹出对话框（如图 7-25），在修改完善上表的基础上生成门窗的属性。

（2）在墙体识别的过程中，在"识别类型"中选择"识别砌体墙及门窗洞"。

（3）提取墙标注、门窗边线及标注就可以转化识别。

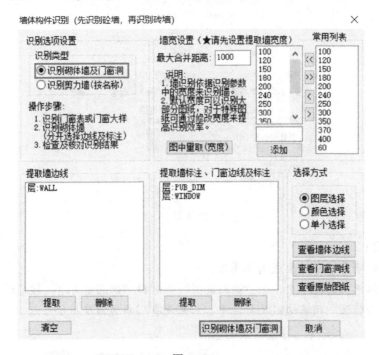

图 7-25

7.5.2 柱 CAD 图纸的转化方法及注意点

7.5.2.1 框架柱 CAD 图纸的转化方法及注意点

框架柱 CAD 图纸的标注有不同的方式，这样在转化和识别的过程中也会有不同的处理方法：

（1）框架柱 CAD 图纸的截面注写方式（图 7-26）。

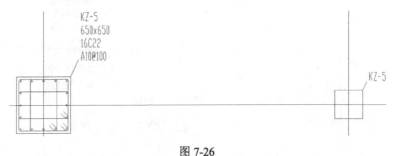

图 7-26

遇到这样的 CAD 图纸，转化识别的操作步骤是：在"校基点"、选择工作区后，点击"识别柱"，后面的操作就与"7.4.3 CAD 文件柱转化的操作流程"中描述的一致了。

【注意事项】

1）一般情况下，这样标注的框架柱尺寸不是 1∶1 的，这时不需要调整比例。

2）框架柱位置不是在轴线的正中时，一定要先识别轴网，不然转化识别后有偏移的框架柱位置没有偏移。

3）提取标注时要提取完整，不然钢筋的计算会不正确。

（2）框架柱 CAD 图纸的列表注写方式一（图 7-27）。

柱号	标 高	bxh	b1	b2	h1	h2	角筋	b边一侧中部筋	h边一侧中部筋	箍筋类型号	箍 筋
KZ-1	基础5.070	500x600	250	250	300	300	4C25	3C25	2C25	(4x4)	A10@100
	5.070-9.000	500x600	250	250	300	300	4C25	2C20	2C20	(4x4)	A8@100
KZ-2	基础5.070	500x600	250	250	300	300	4C25	4C25	2C22	(4x4)	A10@100/200
	5.070-9.000	500x600	250	250	300	300	4C25	2C25	2C20	(4x4)	A8@100/150

图 7-27

遇到这样的 CAD 图纸，转化识别的操作步骤如下。

1）选择菜单"识别柱表"，弹出对话框。

2）点击"框选识别区（追加）"，在 CAD 图纸上用鼠标左键框选柱表，在框选时，只要框选了柱名称、标高、截面尺寸、B 边钢筋、H 边钢筋、箍筋信息等与算量有关的信息就可以了，框选识别区后点鼠标右键，弹出对话框（如图 7-28）。

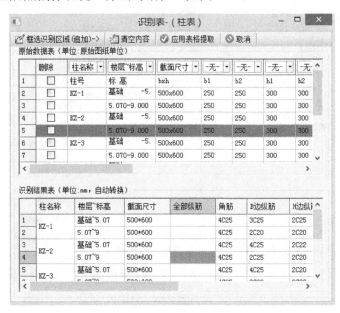

图 7-28

3）在"校基点"、选择工作区后，点击"识别柱"，后面的操作就与"7.4.3　CAD 文件柱转化的操作流程"中描述的一致了。

【注意事项】

1）一般情况下，这样标注的框架柱尺寸不是 1∶1 的，这时不需要调整比例。

2）框架柱位置不是在轴线的正中时，一定要先识别轴网，不然转化识别后有偏移的框架柱位置没有偏移。

3）提取标注时要提取完整，不然钢筋的计算会不正确。

（3）框架柱 CAD 图纸的列表注写方式二（图 7-29）。

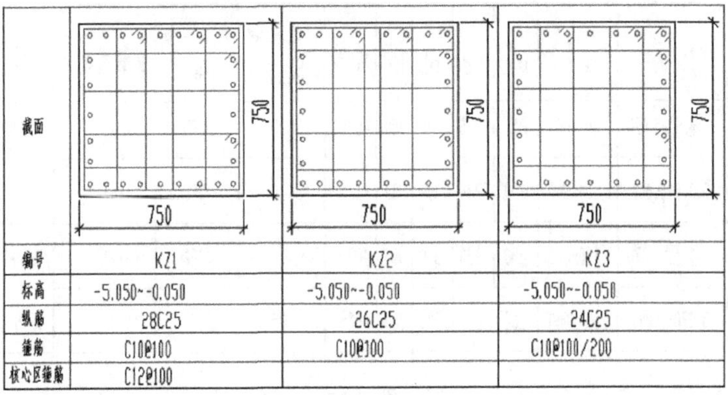

截面			
	750	750	750
编号	KZ1	KZ2	KZ3
标高	-5.050~-0.050	-5.050~-0.050	-5.050~-0.050
纵筋	28C25	26C25	24C25
箍筋	C10@100	C10@100	C10@100/200
核心区箍筋	C12@100		

图 7-29

遇到这样的 CAD 图纸，一般情况下图纸比例不是 1∶1，先将这样的柱表框住，形成工作区，将图纸比例调整成 1∶1 后，采用下面的转化识别的操作步骤。

1）选择"柱大样"，弹出对话框（如图 7-30）。

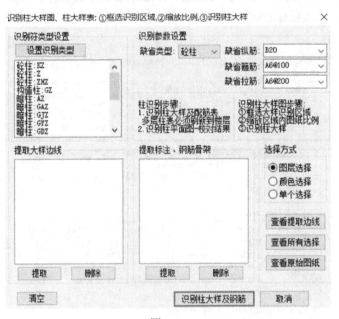

图 7-30

注：图中砼应为混凝土

2）提取大样边线、标注、钢筋骨架，点击"识别柱大样及钢筋"，在柱属性中就会生成各个柱子属性，如图 7-31 所示。

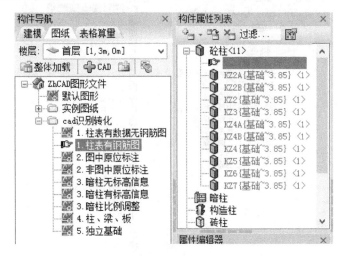

图 7-31

注：图中砼应为混凝土

3）如果柱属性是不带有标高信息的，就直接按照在"校基点"、选择工作区后，点击"识别柱"，后面的操作就与"7.4.3 CAD 文件柱转化的操作流程"中描述的一致了。

如果柱属性是带有标高信息的，需要在柱属性的位置点鼠标右键，如图 7-32 所示。

图 7-32

注：图中砼应为混凝土

选择"柱表刷至楼层{起始层～终止层}"，柱属性会依据楼层定义中标高的信息，自动将柱属性分配到各个相应楼层，如图 7-33 所示。

接着又要在柱属性的位置点鼠标右键，应用"楼层柱表清空（图元及属性）"命令，自动清空带有标高信息的柱子，如图 7-34 所示。

这样柱子的属性就生成了，在"校基点"、选择工作区后，点击"识别柱"，后面的操作就与"7.4.3 CAD 文件柱转化的操作流程"中描述的一致了。

图 7-33

注：图中砼应为混凝土

图 7-34

注：图中砼应为混凝土

【注意事项】

1）一般情况下，这样标注的框架柱尺寸不是 1:1 的，这时需要调整比例。

2）先要识别柱大样，生成柱子的属性。

3）提取标注时要提取完整，不然钢筋的计算会不正确。

7.5.2.2 暗柱 CAD 图纸的转化方法及注意点

一般剪力墙结构中的暗柱信息都是通过暗柱表来反映，遇到的暗柱表如图 7-35 所示。

对于这样的暗柱标注，参照"（3）框架柱 CAD 图纸的列表注写方式二"中描述的方法就可以实现转化识别。

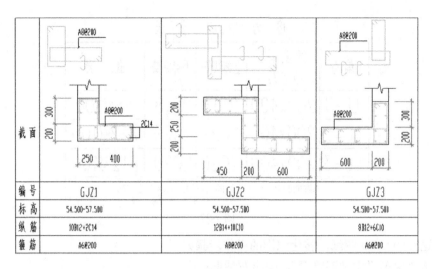

图 7-35

7.5.3　梁 CAD 图纸的转化方法及注意点

7.5.3.1　框架梁 CAD 图纸的转化方法及注意点

CAD 图纸中框架梁的标注包括"集中标注"和"原位标注"两个部分，在转化识别时一定要将 CAD 图纸中的"集中标注"和"原位标注"信息提取完整，转化识别的梁钢筋的计算才能够正确，一般的图纸如图 7-36 所示。

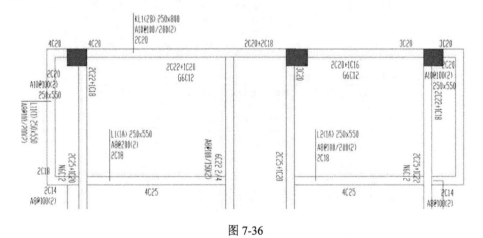

图 7-36

梁的转化识别的方法参照"7.4.5　CAD 文件梁转化的操作流程"中描述的操作就可以完成转化识别。

【注意事项】

（1）梁的识别转化必须是把柱子识别转化之后才能够操作。

（2）识别时，必须把软件中梁的名称和 CAD 图纸梁名称修改一致。

（3）提取标注时要提取完整，不然钢筋的计算会不正确。

7.5.3.2　连梁 CAD 图纸的转化方法及注意点

CAD 图纸中连梁的信息一般有相应的连梁表，如图 7-37 所示。

剪 力 墙 连 梁 表

编号	梁截面 $b \times h$	上部纵筋	下部纵筋	箍 筋
LL-1	200×400	2C18	2C18	A8@100
LL-2	200×400	2C25	2C25	A12@100
LL-3	200×400	2C20	2C20	B12@100
未注明的墙梁侧面纵筋同所在墙身的水平分布筋				

图 7-37

遇到这样的 CAD 图纸，转化识别的操作步骤如下。

（1）选择菜单"识别连梁表"，弹出对话框；

（2）点击"框选识别区（追加）"，在 CAD 图纸上用鼠标左键框选连梁表，框选识别区后弹出对话框（如图 7-38）。

图 7-38

（3）然后再检查表中信息正确后，点击"应用表格提取"，如图 7-39 所示。这样连梁的钢筋等全部信息就会在连梁的属性中自动生成，如图 7-40 所示；

（4）在"校基点"、选择工作区后，点击"识别梁"，连梁的转化识别的方法参照"7.4.5 CAD 文件梁转化的操作流程"中描述的操作就可以完成转化识别。

【注意事项】

（1）连梁的识别转化必须是先识别连梁表生成连梁属性。

（2）识别连梁表时，必须把软件转换类型选择成连梁再转换梁表。

（3）提取标注时要提取完整，不然钢筋的计算会不正确。

图 7-39　　　　　　　　　　　　　　　　　　图 7-40

7.5.4　板 CAD 图纸的转化方法及注意点

7.5.4.1　一般板筋 CAD 图纸的转化方法及注意点

遇到如图 7-41 这样的 CAD 图纸，转化识别的操作步骤如下。

（1）选择菜单"识别板"，在"校基点"、选择工作区后，点击"识别板"，弹出对话框。

（2）提取板名称、板厚、标高等图层后，点击"识别转换"。如果板生成的不是很完整，就需要手动修改或者布置，只有板生成后板筋的识别转换才能够进行。

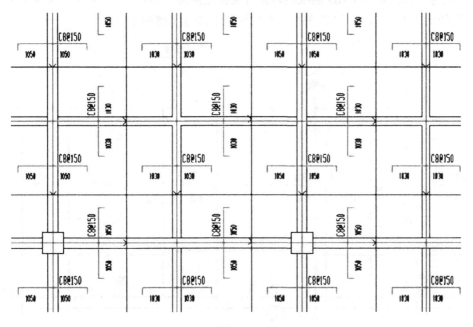

图 7-41

（3）在板生成和修改完全正确后，点击"识板筋"，弹出对话框，提取对应图层（图 7-42）。

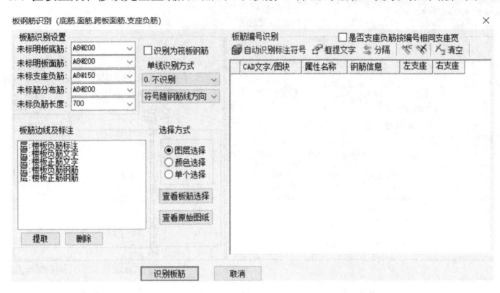

图 7-42

板筋的转化识别的方法参照"7.4.6　CAD 文件板筋转化的操作流程"中描述的操作就可以完成转化识别。

【注意事项】

（1）板筋的识别转化前必须是先识别好板，不然没有依附的基础。

（2）识别板筋后，必须把软件转换的板筋进行检查，尤其是支座钢筋的范围。

（3）提取标注时要提取完整，不然钢筋的计算会不正确。

7.5.4.2　有序号标注板筋 CAD 图纸的转化方法及注意点

遇到如图 7-43 这样的 CAD 图纸，转化识别的操作步骤如下。

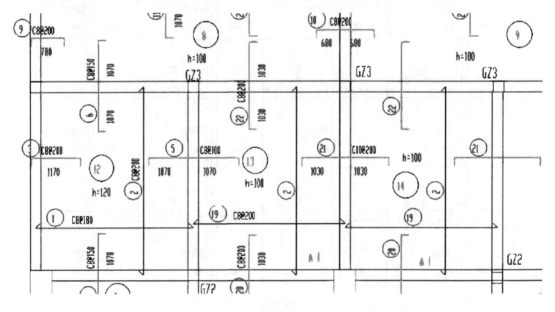

图 7-43

（1）选择菜单"识别板"，在"校基点"、选择工作区后，点击"识别板"，弹出对话框。

（2）提取板名称、板厚、标高等图层信息后，点击"识别转换"，如果板生成的不是很完整，就需要手动修改或者布置，只有板生成后板筋的识别转化才能够进行；

（3）在板生成和修改完全正确后，点击"识板筋"，弹出对话框。

由于板筋的标注使用①②③等序号来表示的，只在一处标注，其他位置就没有钢筋的信息，所以在点"识别板筋"前，需要先在"是否支座负筋按编号相同支座宽"前面打上"✔"后，再点"自动识别标注符号"，如图 7-44 所示。

图 7-44

这样相同编号的支座钢筋就可以识别转化成功；接着板筋的转化识别的方法参照"7.4.6 CAD 文件板筋转化的操作流程"中描述的操作就可以完成转化识别。

【注意事项】

（1）板筋的识别转化前必须是先识别好板，不然没有依附的基础。

（2）识别板筋后，必须把软件转换的板筋进行检查，尤其是支座钢筋的范围。

（3）点"识别板筋"前，需要先点"自动识别标注符号"，让符号和钢筋对应。

（4）提取标注时要提取完整，不然钢筋的计算会不正确。

7.5.5　独立基础 CAD 图纸的转化方法及注意点

7.5.5.1　有 CAD 独立基础表图纸的转化方法及注意点

遇到如图 7-45 这样的 CAD 图纸，转化识别的操作步骤如下。

（1）选择菜单"识别独基表"，弹出对话框；

（2）点击"框选识别区（追加）"，在 CAD 图纸上用鼠标左键框选独基表，框选识别区后，弹出对话框（如图 7-46）。

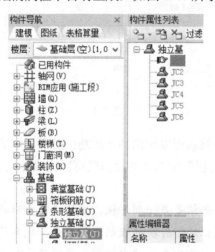

识别表-（独立基础表）

框选识别区域（追加）->　清空内容　应用表格提取　取消

原始数据表（单位：原始图纸单位）

	删除	独基编号	截面宽A	截面高B	-无-	-无-	高度	横
1		基础配筋及尺寸表			基础宽			AS
2				A	B	C	D	H
3		J-1	2600	2600	500	650	600	C1
4		J-2	3350	3350	650	650	900	C1
5		J-3	1600	1600	400	500	300	C1
6		J-4	2700	2700	500	600	650	C1
7		J-5	2350	2350	500	600	500	C1

识别结果表（单位:mm，自动转换）

	独基编号	独基类型	截面宽A	截面高B	高度H1	高度H2	高度H
1	J-1	阶形独基	2600	2600	600		
2	J-2	阶形独基	3350	3350	900		
3	J-3	阶形独基	1600	1600	300		
4	J-4	阶形独基	2700	2700	650		
5	J-5	阶形独基	2350	2350	500		
6	J-6	阶形独基	2950	2950	750		

基础配筋及尺寸表

剖号	基础宽度					AS1	AS2
	A	B	C	D	H		
J-1	2600	2600	500	650	600	C16@180	C14@150
J-2	3350	3350	650	650	900	C16@150	C16@150
J-3	1600	1600	400	500	300	C12@150	C12@150
J-4	2700	2700	500	600	650	C16@180	C16@180
J-5	2350	2350	500	600	500	C16@200	C16@200
J-6	2950	2950	650	650	750	C16@180	C16@180

图 7-45　　　　　　　　　　　　　　　图 7-46

然后再检查并修改表中信息，确认正确后，点击"应用表格提取"，这样独立基础的钢筋等全部信息就会在独立基础的属性中自动生成，如图 7-47 所示。

构件导航

建模　图纸　表格算量

楼层　基础层（空）[1,0

- 已用构件
- 轴网 (V)
- BIM应用（施工段）
- 墙 (Q)
- 柱 (Z)
- 梁 (L)
- 板 (B)
- 楼梯 (T)
- 门窗洞 (M)
- 装饰 (R)
- 基础
  - 满堂基础 (J)
  - 筏板钢筋 (J)
  - 条形基础 (J)
  - 独立基础 (J)
    - 独立基 (T)

构件属性列表

过滤

- 独立基
  - JC2
  - JC3
  - JC4
  - JC5
  - JC6

属性编辑器

名称	属性

图 7-47

（3）在"校基点"、选择工作区后，点击"识独基"，独立基础的转化识别的方法参照"7.4.7 CAD 文件独立基础转化的操作流程"中描述的操作就可以完成转化识别。

【注意事项】

（1）独立基础的识别转化必须是先识别独立基础表生成其属性。

（2）识别独立基础表时，基础类型必须是最后选择再转换独立基础表。

（3）提取标注时要提取完整，不然钢筋的计算会不正确。

7.5.5.2　无 CAD 独立基础表 CAD 图纸的转化方法及注意点

遇到如图 7-48 这样的 CAD 图纸，转化识别的操作步骤如下。

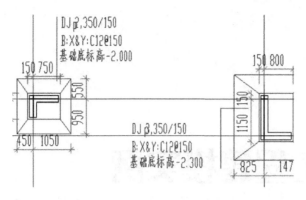

图 7-48

（1）需要手工在独立基础属性中定义各个独立基础，如图 7-49 所示。

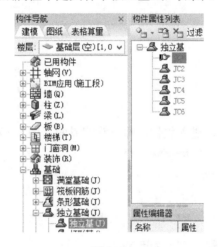

图 7-49

（2）在"校基点"、选择工作区后，点击"识独基"，独立基础的转化识别的方法参照"7.4.7 CAD 文件独立基础转化的操作流程"中描述的操作就可以完成转化识别。

【注意事项】

（1）独立基础的识别转化前必须是先定义独立基础属性。

（2）提取标注时要提取完整，不然钢筋的计算会不正确。

第**8**章

工程建模实例

8.1 新建工程

8.1.1 新建文件

第一步 双击软件图标，进入软件，弹出欢迎界面（图8-1）。

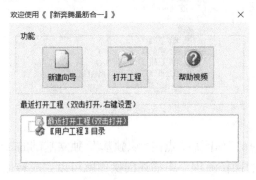

图 8-1

第二步 选择"新建工程"，弹出对话框（图8-2），需要输入的内容如下。

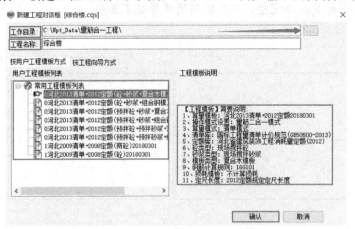

图 8-2

（1）工作目录：工程数据保存路径，软件默认保存在"C:\Npt_Data\量筋合一工程\"文件夹中；

（2）工程名称：输入新工程的名称，在这里输入"综合楼"；

（3）按用户工程模板方式：窗口中选择与实际工程相匹配的工程模板，选择"河北 2013 清单+2012 定额（混凝土+砂浆+复合木模板）"，工程模板中基本的参数情况可以在"【工程模板】简要说明"中进行查看。

（4）以上三项内容都设置选择好之后，点击"确认"按钮，软件即可进入"工程基本信息（全局设置）界面"（如图 8-3 所示）。

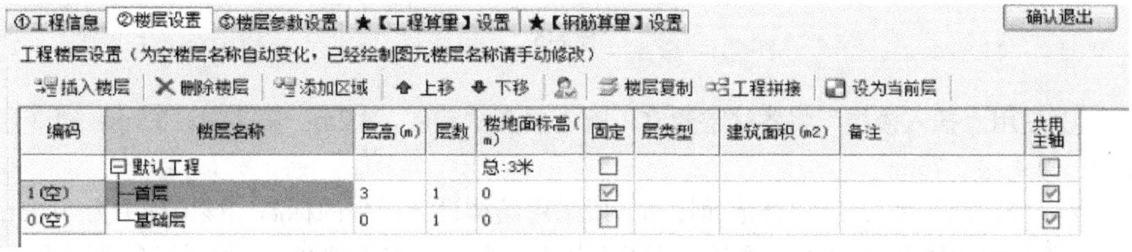

图 8-3

第三步　在全局设置中，需要根据图纸设置各项信息。

（1）工程信息（图 8-4）。

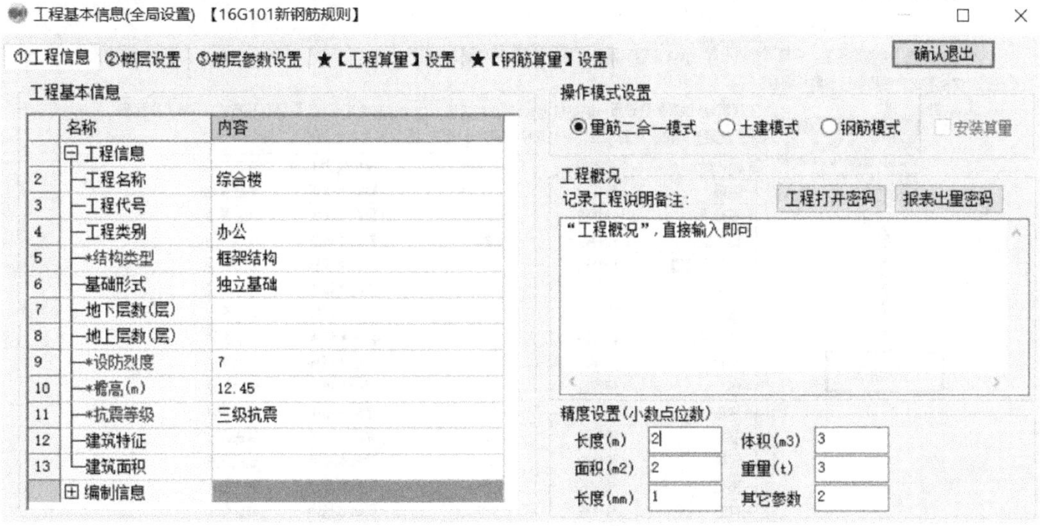

图 8-4

① 在"工程基本信息"中输入相关信息，对工程进行基本的描述。本工程"结构类型"为框架结构，"设防烈度"为 7，"檐高"为 12.45。输入数据之后"抗震等级"可以自动计算为三级抗震。

② 在操作模式设置中选择"量筋二合一模式"，同时进行土建与钢筋量的设置与计算。

（2）楼层设置　在这个界面，需要根据图纸输入各楼层层高及相关参数。楼层设置参照图 8-5 中数据输入。

编码	楼层名称	层高(m)	层数	楼地面标高(m)	固定	层类型	建筑面积(m2)	备注	共用主轴
	默认工程			总:14.7米	☐				☑
4(空)	第4层	2.75	1	11.95	☐				☑
3(空)	第3层	3.9	1	8.05	☐				☑
2(空)	第2层	3.9	1	4.15	☐				☑
1(空)	首层	4.2	1	-0.05	☑				☑
0(空)	基础层	0	1	-0.05	☐				☑

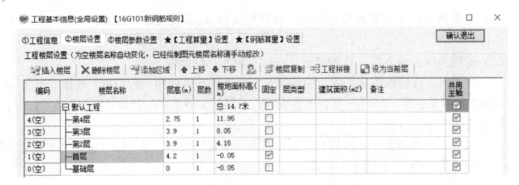

图 8-5

① 使用“插入楼层”将各楼层建立，输入层高。首层，4.2m；第2层，3.9m；第3层，3.9m；第4层2.75m。

②“楼地面标高”：首层楼地面标高一般采用结构设计图中的标高。该工程中为–0.05m。

③“共用主轴”：勾选共用主轴，可以在其中一个楼层定义轴网，其他楼层自动引用（适用于楼层间轴网相同的情况）。

【注意事项】首层楼地面标高与顶层的层高是较易出错的地方；需要根据结构标高进行设置。

（3）楼层参数设置（如图8-6）

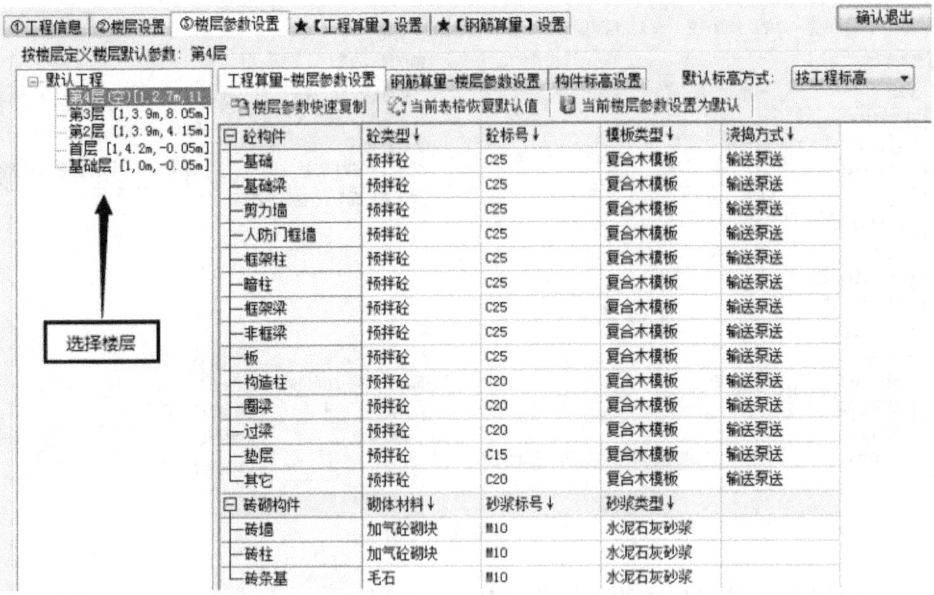

砼构件	砼类型	砼标号	模板类型	浇捣方式
基础	预拌砼	C25	复合木模板	输送泵送
基础梁	预拌砼	C25	复合木模板	输送泵送
剪力墙	预拌砼	C25	复合木模板	输送泵送
人防门框墙	预拌砼	C25	复合木模板	输送泵送
框架柱	预拌砼	C25	复合木模板	输送泵送
暗柱	预拌砼	C25	复合木模板	输送泵送
框架梁	预拌砼	C25	复合木模板	输送泵送
非框梁	预拌砼	C25	复合木模板	输送泵送
板	预拌砼	C25	复合木模板	输送泵送
构造柱	预拌砼	C20	复合木模板	输送泵送
圈梁	预拌砼	C20	复合木模板	输送泵送
过梁	预拌砼	C20	复合木模板	输送泵送
垫层	预拌砼	C15	复合木模板	输送泵送
其它	预拌砼	C20	复合木模板	输送泵送
砖砌构件	砌体材料	砂浆标号	砂浆类型	
砖墙	加气砼砌块	M10	水泥石灰砂浆	
砖柱	加气砼砌块	M10	水泥石灰砂浆	
砖条基	毛石	M10	水泥石灰砂浆	

图 8-6

① 在“工程算量-楼层参数设置”界面，选择楼层，设置对应楼层构件的混凝土标号、砌体材料及砂浆标号（混凝土类型及模板类型在新建工程选择工程模板的时候已经进行了初步选择，如果有个别不同的再另行设置）。

② 在“钢筋算量-楼层参数设置”界面（如图8-7），选择楼层，设置对应楼层构件的保

护层，“抗震等级”与“工程信息”中设置的抗震等级关联，“混凝土标号”与“工程算量-楼层参数设置”界面的“混凝土标号”关联。

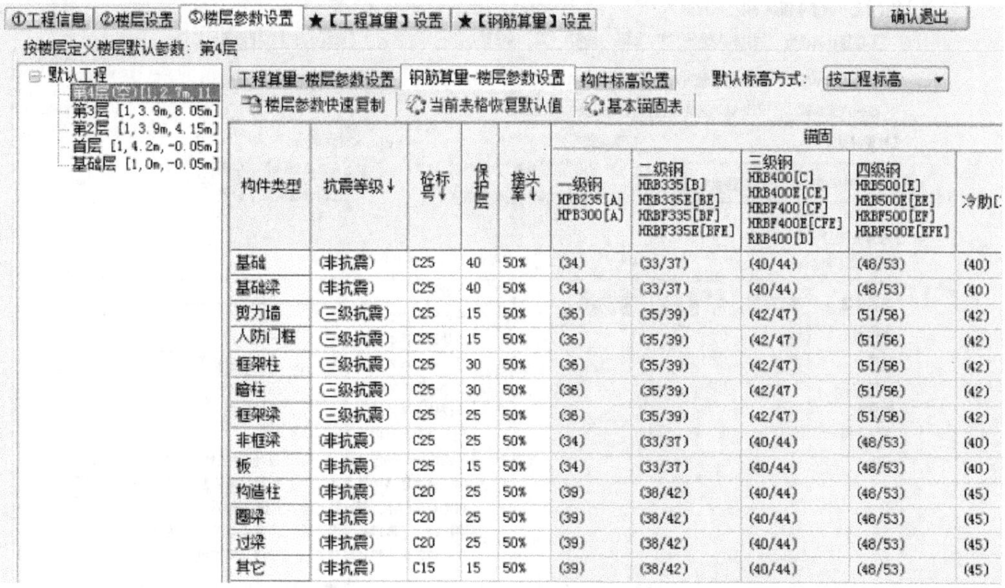

构件类型	抗震等级	砼标号	保护层	接头率	锚固 一级钢 HPB235[A] HPB300[A]	二级钢 HRB335[B] HRB335E[BE] HRBF335[BF] HRBF335E[BFE]	三级钢 HRB400[C] HRB400E[CE] HRBF400[CF] HRBF400E[CFE] RRB400[D]	四级钢 HRB500[E] HRB500E[EE] HRBF500[EF] HRBF500E[EFE]	冷肋[
基础	(非抗震)	C25	40	50%	(34)	(33/37)	(40/44)	(48/53)	(40)
基础梁	(非抗震)	C25	40	50%	(34)	(33/37)	(40/44)	(48/53)	(40)
剪力墙	(三级抗震)	C25	15	50%	(36)	(35/39)	(42/47)	(51/56)	(42)
人防门框	(三级抗震)	C25	15	50%	(36)	(35/39)	(42/47)	(51/56)	(42)
框架柱	(三级抗震)	C25	30	50%	(36)	(35/39)	(42/47)	(51/56)	(42)
暗柱	(三级抗震)	C25	30	50%	(36)	(35/39)	(42/47)	(51/56)	(42)
框架梁	(三级抗震)	C25	25	50%	(36)	(35/39)	(42/47)	(51/56)	(42)
非框架梁	(非抗震)	C25	25	50%	(34)	(33/37)	(40/44)	(48/53)	(40)
板	(非抗震)	C25	15	50%	(34)	(33/37)	(40/44)	(48/53)	(40)
构造柱	(非抗震)	C20	25	50%	(39)	(38/42)	(40/44)	(48/53)	(45)
圈梁	(非抗震)	C20	25	50%	(39)	(38/42)	(40/44)	(48/53)	(45)
过梁	(非抗震)	C20	25	50%	(39)	(38/42)	(40/44)	(48/53)	(45)
其它	(非抗震)	C15	15	50%	(39)	(38/42)	(40/44)	(48/53)	(45)

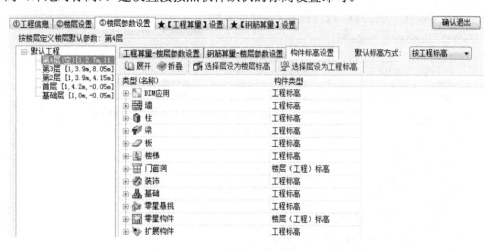

图 8-7

提示：①和②中参数可参照图 8-6 和图 8-7 中设置，或者自行在结构说明中找到相关信息输入。

③ 在“构件标高设置”界面（图 8-8），选择楼层，可以设置对应楼层构件的标高设置方式，一般门窗洞、装饰和零星构件部分可以采用楼层标高（即相对标高），其他构件采用工程标高（即绝对标高）。建议直接按照软件默认的标高设置即可。

图 8-8

（4）工程算量设置（图 8-9）。

在“工程量计算其他参数设置”部分输入图纸中标注的设计室外地坪标高为“-450”，自然地坪标高为“-450”。

图 8-9

（5）钢筋算量设置（如图 8-10）。该界面可以修改钢筋计算规范，该工程采用 11G 101，工程抗震等级为三级抗震，对于构件的钢筋计算规则和节点设置可以在钢筋计算设置中进行调整。

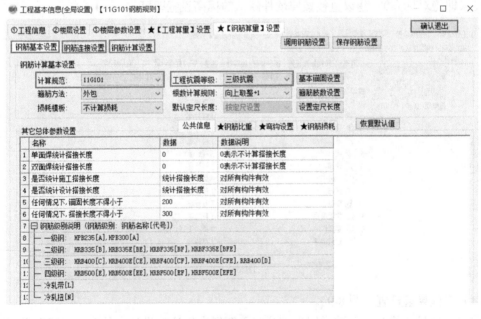

图 8-10

完成以上 5 个界面的操作后，点击"确认退出"，进入绘图建模界面。

8.1.2　软件系统设置

初次使用软件，可以在新建工程之后对软件进行一些设置，这些设置可以让算量软件建模过程更加方便流畅。

在工具栏中点击"选项"—"系统设置"，会弹出如图 8-11 所示窗口。

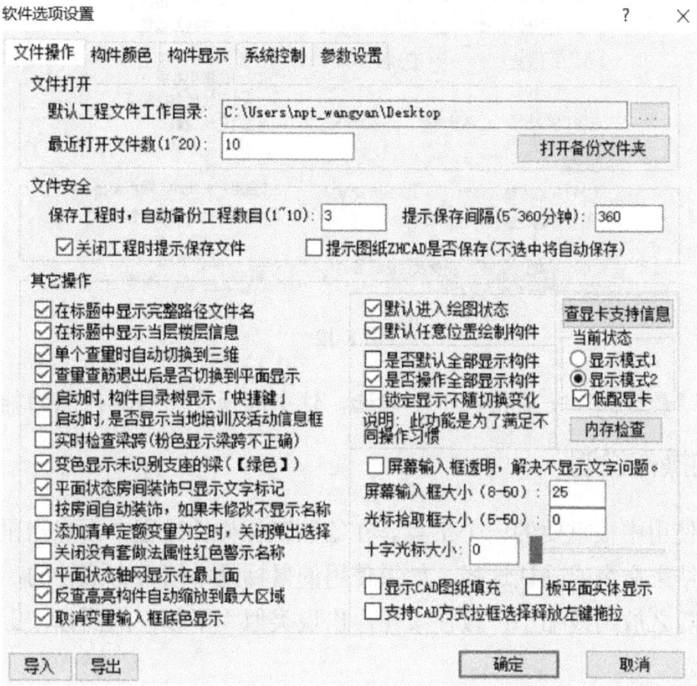

图 8-11

（1）修改自动备份工程数目。

（2）修改提示保存间隔提示。

（3）勾选"平面状态房间装饰只显示文字标记"这样的话在处理装修构件的话选择楼地面或天棚吊顶等构件时比较方便。

（4）勾选"是否默认全部显示构件"，绘图区域会显示所有已绘制构件。

（5）勾选"是否操作全部显示构件"，在绘图区域可以选择不同类型的构件，不受构件列表中构件类型的选择限制。

以上设置选项供参考，按照自己的操作习惯进行相关设置，可以减少操作中的一些步骤，提高绘图速度。而且这些设置随时都可以进行修改，根据实际情况找到最合适的"构件选项设置"。

8.1.3　捕捉点的设置

双击软件右下角"捕捉"，弹出如图 8-12 所示窗口，在该窗口中可以设置捕捉点。一般需要勾选"启用构件内部细节捕捉""捕捉对象"中的九项全部勾选，"捕捉模式"中需要勾选项参照图 8-12 中所示。

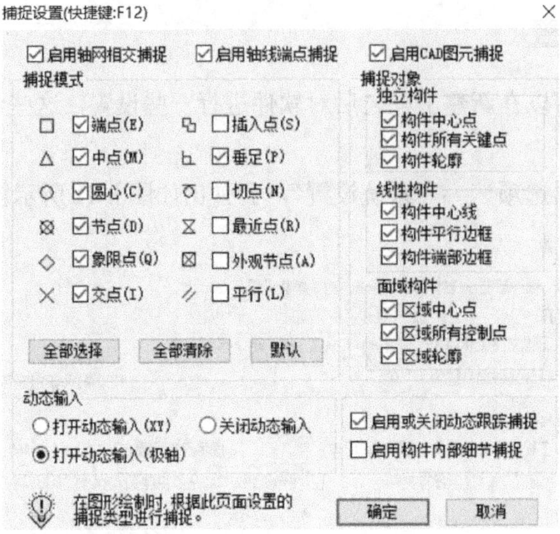

图 8-12

【注意事项】"最近点"一般情况下不勾选,这个选项会影响其他点的捕捉。

8.1.4 鼠标的操作说明

鼠标是软件使用中很重要的一个工具。在绘制工程构件过程中,点击鼠标左键为选择,点击鼠标右键为结束命令或确认选择。如果使用的鼠标是中间带有滚轮的,那在绘图区域滚动滚轮,图形会随之放到或缩小;按住滚轮,出现类似"平移"的图标,上下左右移动,图形也会随之移动。

至此,工程及软件的前期设置已经完成,接下来就是关于构件的定义及绘制。

8.2 首层图形建模

8.2.1 轴网

如果没有 CAD 图纸,使用软件建模时必须首先建立轴网,其作用在于快速方便地对构件进行定位,并在最后的计算结果中显示对应的构件位置。

(1)进入轴网属性设置界面,以图纸中的轴网数据进行输入,在下开间轴号为 1 对应的间距出输入数据敲回车,自动进入下个间距的输入,依次输入各个数据。

下开间:3900-3900-3900-3900-6000-3900-3900-3900-3900。

左进深:5700-2400-5700。

(2)轴网的各个尺寸输入完成后,点击"确认退出",回到绘图界面,定义好的轴网就会自动出现在绘图区域了。

(3)在 D 轴以上需要添加一个辅助轴线,距离 D 轴为 2400mm。具体操作为:点击"平行轴线",左键选择 D 轴,鼠标左键在 D 轴上方点击一下,会出现图 8-13 所示窗口,偏移距离处输入 2400,点击确认即可。至此,首层的轴网已经完整建立,如图 8-14 所示。

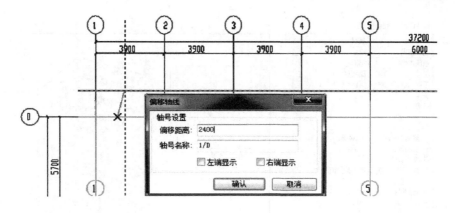

图 8-13

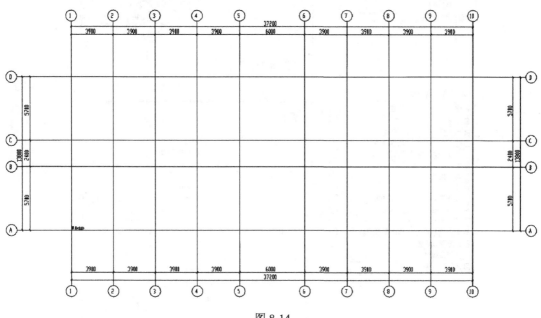

图 8-14

8.2.2 柱

首先，根据"柱模板配筋图"中框架柱表的信息，定义好 KZ-1～KZ-5，如图 8-15。首层柱标高均为层底（−50）～层高（4150）。

需要注意以下几点。

（1）KZ-3，柱截面信息中有用"/"分隔开的信息，表示基础顶～4.15 米柱箍筋信息为 A10@100/200，4.15～8.05 米柱箍筋信息为 A8@100/200。

（2）KZ-5，圆形柱定义时圆形箍筋自动生成，而截面中的矩形箍筋需要在钢筋设置界面自定义，所有的钢筋定义信息如图 8-16 所示。

然后，点到"套定额"界面（如图 8-17 所示），使用"自动套"或自行添加清单定额项，给柱构件套用上合适的做法。套好做法后点击"保存退出"，进入到绘图界面进行柱构件的绘制操作。

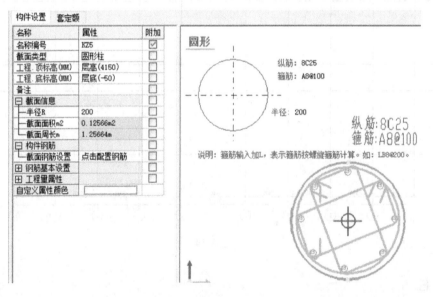

名称	属性	附加
名称编号	KZ1	☑
截面类型	矩形柱	☐
工程.顶标高(MM)	层高(4150)	☐
工程.底标高(MM)	层底(-50)	☐
备注		☐
⊟ 截面信息		☐
─ 截面宽B	450	☐
─ 截面高H	450	☐
─ 截面面积m2	0.2025m2	☐
─ 截面周长m	1.8m	☐
⊟ 构件钢筋		☐
─ 截面钢筋设置	点击配置钢筋	☐
─ 全部纵筋		☐
─ 角部纵筋	4Φ25	☐
─ B边纵筋	2Φ22	☐
─ H边纵筋	2Φ22	☐
─ 箍筋	Φ8@100	☐
─ 肢数	4*4	☐
⊞ 钢筋基本设置		☐
⊞ 工程量属性		☐
自定义属性颜色		☐

图 8-15

名称	属性	附加
名称编号	KZ5	☑
截面类型	圆形柱	☐
工程.顶标高(MM)	层高(4150)	☐
工程.底标高(MM)	层底(-50)	☐
备注		☐
⊟ 截面信息		☐
─ 半径R	200	☐
─ 截面面积m2	0.12566m2	☐
─ 截面周长m	1.25664m	☐
⊟ 构件钢筋		☐
─ 截面钢筋设置	点击配置钢筋	☐
⊞ 钢筋基本设置		☐
⊞ 工程量属性		☐
自定义属性颜色		☐

圆形

纵筋:8C25
箍筋:A8@100

半径:200

纵筋:8C25
箍筋:A8@100

说明:箍筋输入加L,表示箍筋按螺旋箍筋计算。如:L8@200。

图 8-16

	项目编号	类型	清单/定额名称	特征/换算/分类	单位	计算代码	代码说明	备注
1	⊟ 010502001	清单	矩形柱	1.混凝土种类.TLX 2.混凝土强度等级.TBH	m3	TJ1	体积(清单)	
2	─A4-16	定额	现浇钢筋混凝土矩形柱		10m3	TJ2	体积(定额)	
3	⊟ 011702002	清单	矩形柱模板		m2	MBMJ	模板面积	
4	─A12-58	定额	现浇矩形柱复合木模板		100m²	MBMJ	模板面积	
5	─A12-60	定额	现浇柱支撑高度超过3.6m,每增加1m木模板		100m²	CGMB	超高模板	

图 8-17

使用"单点布置"功能,在左边构件属性列表中选择定义好的混凝土柱,按照图纸要求,布置到相应位置。练习工程中柱位置不涉及偏心,直接点击布置即可。

小技巧：

（1）偏心柱可使用 shift+鼠标左键或者"单点布置"下的"坐标布置"进行偏移操作。

（2）F3 用于柱构件的旋转，F4 用于柱构件的基点变化。

（3）若涉及构件的上下镜像或左右镜像则需要用到 X 键或 Y 键。先用这些方法将柱的方向或插入基点调整好之后再点击左键进行布置。

8.2.3 梁

首先在属性设置中根据图纸中的梁集中标注信息把梁定义好。KL 对应框架梁，L 对应次梁，WKL 对应框架梁中的屋面框架梁；梁的名称定义为 WKL 时，梁的计算类型会自动匹配为屋面框架梁。梁构件全部定义好后如图 8-18。

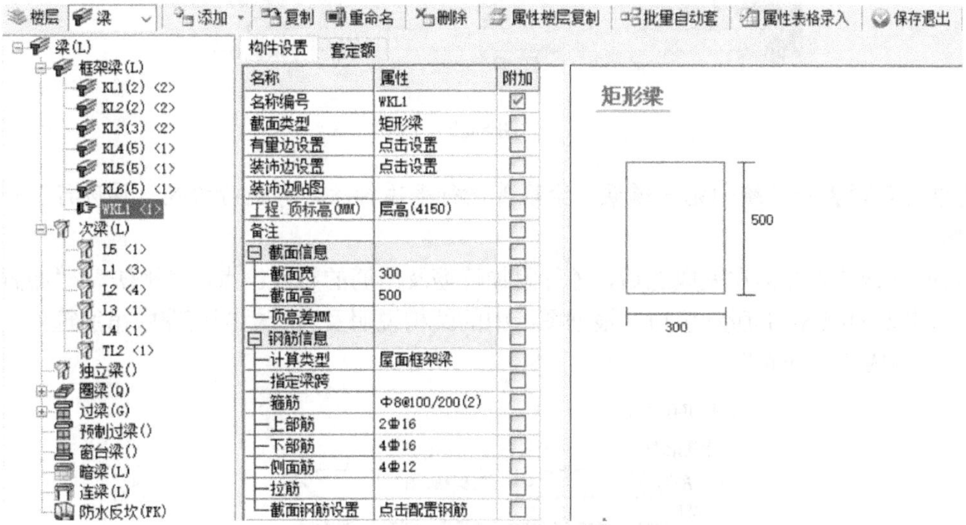

图 8-18

然后，切换套定额界面（如图 8-19），使用"自动套"或自行添加清单定额项，给定义好截面信息的梁构件套用上合适的做法。套好做法后点击"保存退出"，进入到绘图界面进行梁构件的绘制。

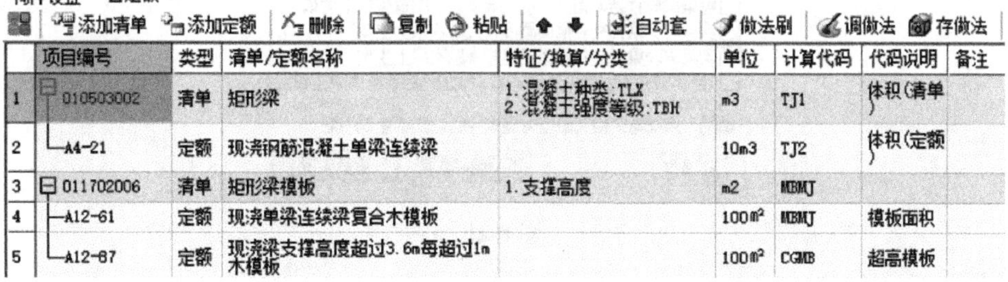

图 8-19

点击"直线绘制"命令（练习工程中不涉及弧形梁），使用画直线命令即可。在绘制的过程中先框架梁再次梁，这样的绘制顺序更利于软件对梁支座的自动识别。图纸中梁边和柱边是平齐状态，在绘制时可以从起点设置在柱边，使用 F4 键切换梁的绘制位置，或者通过软件右下角的"定位方式"进行调整。

【注意事项】梁绘制的时候需要使梁构件之间或者梁与墙构件之间的中心线闭合，便于板或其他构件的快速生成。

梁绘制完成后，先检查一下梁跨数或支座位置是否正确，检查没问题之后就可以进行平法标注了。点击"平法标注"，选择已绘制的梁，出现如图 8-20 中的矩形框，在矩形框中按照图纸中标注的信息录入。

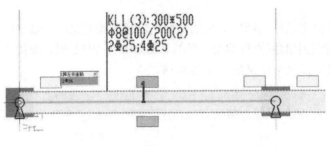

图 8-20

【注意事项】一般绘制完一道梁，紧跟着进行平法标注，并进行检查，再进行下一道梁的绘制。

将所有梁的原位标注完成之后，进行附加箍筋及吊筋的布置。点击"平法"-"布置吊筋箍筋"，出现如图 8-21 所示窗口，根据图纸中的结构说明及梁模板配筋图中吊筋箍筋的标注进行自动生成或选择布置。

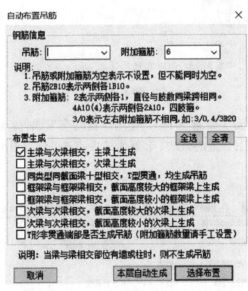

图 8-21

完成上述操作后，梁部分就完成了。

8.2.4 板及板筋

首先，按照图纸"板模板配筋图"中的板厚度信息定义板构件，XB100 和 XB120，厚度为 100mm 和 120mm 的板（图 8-22）。

图 8-22

然后，点到套定额界面（如图 8-23）所示，使用"自动套"或自行添加清单定额项，给定义好截面信息的板构件套用上合适的做法。套好做法后，点击"保存退出"，进入到绘图界面进行板构件的绘制。

图 8-23

在构件属性列表中选择 XB120，使用"布置"功能，弹出图 8-24 所示窗口，按图中所示进行设置，完成后点击"确认"，即可快速按梁构件围成的封闭区域布置生成 XB120。图纸中还有 XB100，使用"构件替换"进行替换修改。再把不需要的板删除，D 轴以上 5～6 轴之间的板需要延伸出去，板边据梁中心线为 600，图纸中有具体标注。

图 8-24

注：图中砼应为混凝土

　　板实体构件布置完成后，需要进行板筋的定义和布置。根据"板模板配筋图"，需要定义的板筋如下。

　　底筋：C8@200，C8@150，C10@130，C10@200；

　　面筋：C8@150；

　　跨板面筋：C8@150，C8@200，C10@200；

　　支座负筋：C8@200，C8@100，C8@150，C10@200，C12@100。

　　定义好的板筋如图 8-25 所示，点击"保存退出"即可。

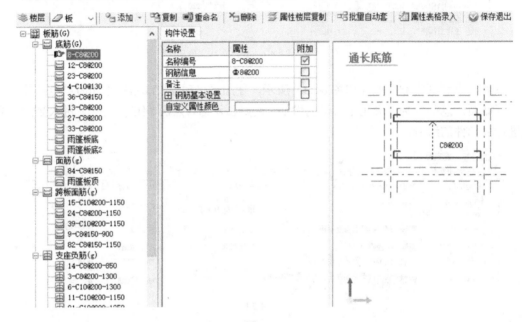

图 8-25

　　（1）底筋的布置：两个方向底筋钢筋相同可使用"**XY 方向布置**" 选择对应板构件同时布置双向钢筋，若双向钢筋不同则可以使用"平行边"或"水平""垂直"分别布置。

　　（2）面筋的布置：操作方法与底筋相同。

　　（3）跨板面筋的布置：布置后还需要对跨板面筋修改对应的标注长度。

　　（4）支座负筋的布置：可以使用"按板边布置"或"按梁布置"等功能，调整好其标注长度。

　　（5）跨板面筋与支座负筋标注长度的起算位置：在"钢筋计算规则"中，找到跨板面筋和支座负筋中相应的选项，修改其标注位置设置（如图 8-26）。

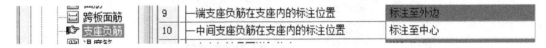

图 8-26

8.2.5　墙

　　首先，建筑"首层平面图"中一共有 3 种厚度的墙体，分别定义为 QT300、QT200、QT120。如图 8-27 所示。

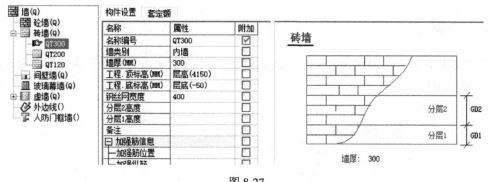

图 8-27

点到“套定额”界面，使用“自动套”或自行添加清单定额项，给定义好的墙套用上合适的做法（如图 8-28）。套好做法后点击“保存退出”，进入到绘图界面进行墙体的绘制。

构件设置 套定额

添加清单 添加定额 删除 复制 粘贴 自动套 做法刷 调做法 存做法

	项目编号	类型	清单/定额名称	特征/换算/分类	单位	计算代码	代码说明	备注
1	010402001	清单	砌块墙	1.砌块品种、规格、强度等级 2.墙体类型 3.砂浆强度等级	m3	TJ1	体积(清单)	
2	A3-17	定额	加气混凝土砌块墙		10m3	TJ2	体积(定额)	
3	011701003	清单	里脚手架	1.搭设方式 2.搭设高度 3.脚手架材质	m2	JSJ	脚手架	
4	A11-20	定额	内墙砌筑脚手架3.6m以内		100m²	JSJ	脚手架	

图 8-28

绘图界面，在构件列表中选择墙体，点击“直线绘制”命令，根据图纸中墙体位置，在绘图区域轴网上绘制墙体。绘制过程中可在构件列表切换对应墙体，如果绘制时基点选错可以按 Ctrl+左键回退，如果是墙体名称出错可以删除或用“构件替换”进行修改。完成后的墙体如图 8-29 所示。

【注意事项】要画到墙中线位置，即墙体中心线闭合以便后续构件的快速布置生成。

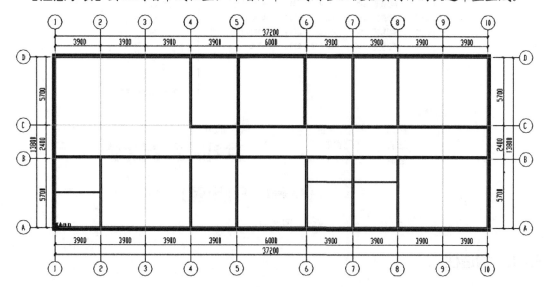

图 8-29

8.2.6 门窗

按照建筑说明中"门窗表"中的信息定义好门窗构件，并在套定额界面套用对应的清单定额（图 8-30）。

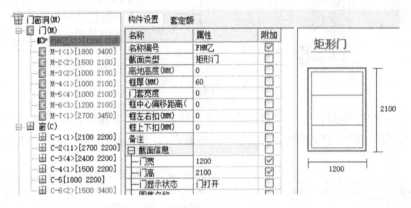

图 8-30

【注意事项】窗构件的离地高度。按照图纸说明或立面剖面图中所示高度进行调整。

使用"布置门窗"或"精确布置"功能按照"首层平面图"中门窗位置进行布置。

8.2.7 过梁

图纸中没有明确的过梁信息，点击"智能布置"，弹出图 8-31 所示窗口，按照软件默认的过梁信息自动生成。

图 8-31

8.2.8 构造柱

图纸中关于构造柱的布置要求如下。

（1）纵横墙的交叉处、墙体转角处及自由墙体端部、墙长＞5m，墙段中应设置构造柱，柱断面为墙宽*墙宽，配筋 4A10，A6@100/200。

（2）门窗洞口两侧设报口柱，截面宽为墙宽*180，配筋为 200(300)宽墙主筋，4Φ10(6Φ10)，箍筋Φ6@200。

这种情况不需要先定义构造柱，在软件中分两次来操作就行，分别为：

（1）点击"智能布置"，弹出构造柱智能布置窗口，然后在属性设置中输入不同墙宽对应的构造柱的不同的尺寸及配筋信息，勾选生成参数，如图 8-32 所示，然后点击"本层自动布置"，即可按照条件（1）生成对应构造柱。

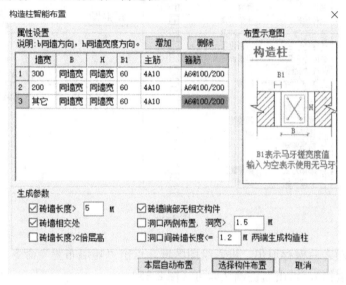

图 8-32

（2）再次点击"智能布置"，弹出构造柱智能布置窗口，在属性设置中输入不同墙宽对应的不同的构造柱尺寸及配筋信息，勾选生成参数，如图 8-33 所示，然后点击"本层自动布置"即可。

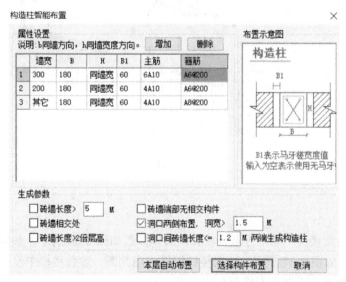

图 8-33

8.2.9 圈梁

每层墙沿填充墙高度每 2m 设置一道水平系梁，一般设置在墙体半高处或于门窗口上部或于窗台处。水平系梁的高度为 60mm，主筋 2Φ8。首层墙体高度大于 2m 小于 4m，则可直接在 2m 高的位置布置一套圈梁即可。操作方法为：

首先定义圈梁，如图 8-34 所示。

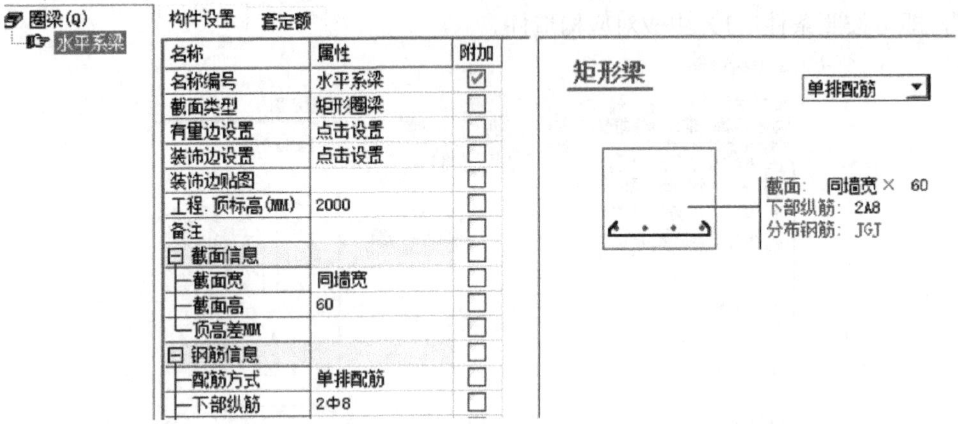

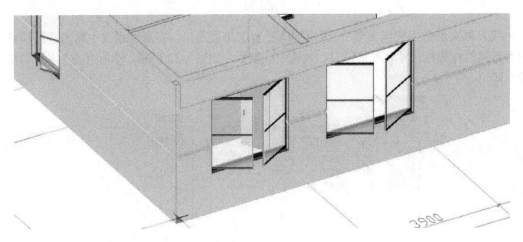

图 8-34

套好清单定额之后保存退出，进入绘图区域，点击"随墙布置"命令，框选需要布置圈梁的墙体（所有墙体），点击右键确认即可（图 8-35）。

图 8-35

8.2.10 楼梯

楼梯采用"参数楼梯"中平行双合楼梯，具体参数如图 8-36 所示。参数定义好之后布置在图中对应位置，如图 8-37 所示。根据楼梯配筋详图判断，参数楼梯中没有合适的钢筋参数图，所以楼梯钢筋部分需要在表格算量中处理。

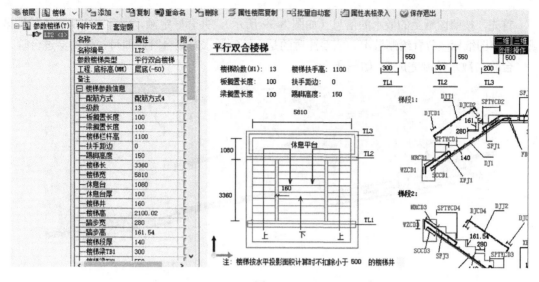

图 8-36

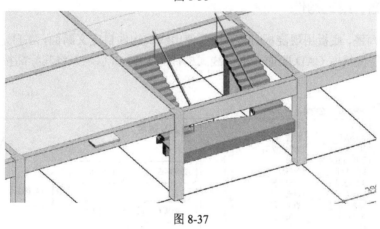

图 8-37

8.2.11　台阶、散水

首先，按照图纸上的台阶的踏步宽度，高度定义好台阶（如图 8-38 所示），并套好定额，保存退出后进入绘图区域，按照图纸标注位置绘制台阶。台阶中的休息平台可以用板构件处理，或者使用装修构件中的楼地面也可以。

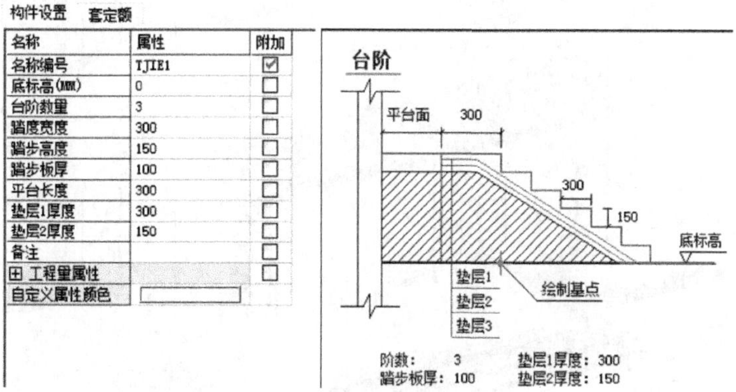

图 8-38

首先，按照图纸上的散水的信息（如图 8-39 所示），并套好定额，保存退出后进入绘图区域，按照图纸标注位置绘制散水。需要注意的是，绘制散水时到台阶边即可，切勿穿过台阶。

台阶与散水绘制完成后 如图所示。

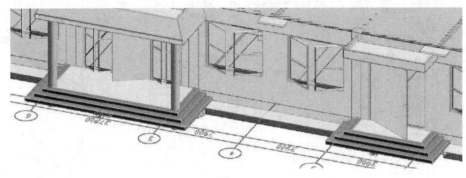

图 8-39

8.2.12 挑檐、线式构件

异形断面雨篷，底板用现浇板处理，侧面使用线式构件自定义断面，在自定义断面处"提 CAD 截面"，智能提取 CAD 断面，形成线式构件图 8-40 所示，并将其标高按实际工程标高进行调整。

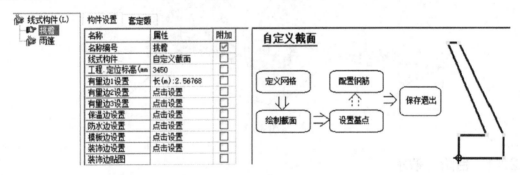

图 8-40

【注意事项】定义出来的断面需要设置定位标高，对应的是图中绿点的高度。

直接画线绘制，形成构件后如下图 8-41 所示。

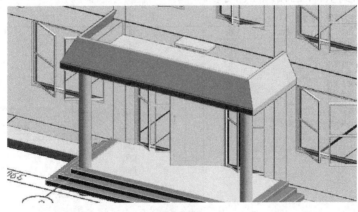

图 8-41

8.3 基础层图形建模

8.3.1 独立基础

根据图纸"基础平面布置图"中的基础表，定义 6 个阶形独基，注意其定位标高为底标高–2000mm，如图 8-42 所示。

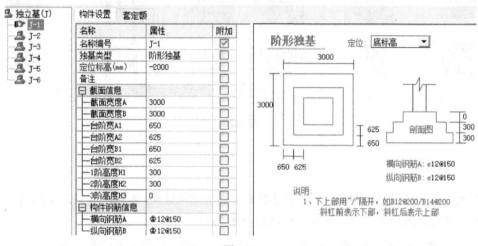

图 8-42

套好定额后，进入绘图界面，按照图纸中的标注，将独立基础布置在正确的位置。

独立基础布置完成之后将首层的柱构件复制到基础层。因为基础层层高为 0，所以复制下来的柱构件没有高度，选择到柱构件界面用"构件提升"功能来调整，如图 8-43 所示，按图中提示勾选之后确认，柱底标高就会自动调整到基础顶部。调整好后的独基与柱示意图 8-44。

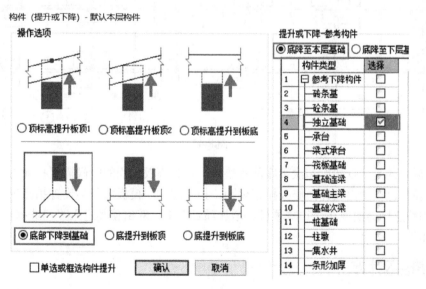

图 8-43

注：图中砼应为混凝土

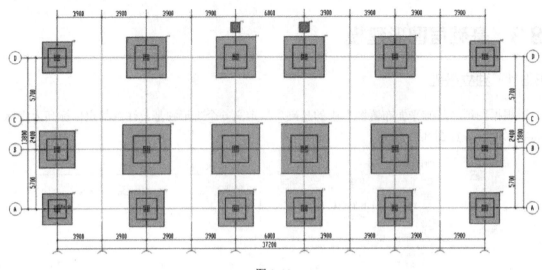

图 8-44

8.3.2 基础梁

基础梁部分经过分析图纸，可以使用框架梁和次梁来处理，未标注标高为顶标高−0.05m。绘制方法参考梁的相关章节，布置完成后如下图 8-45 所示。

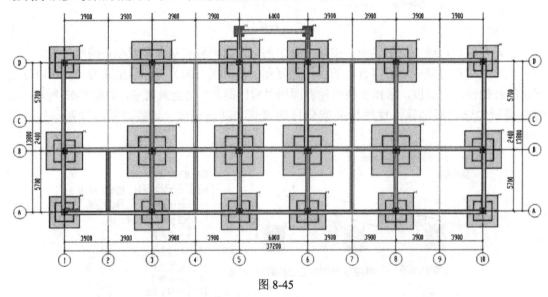

图 8-45

需要说明的是，框架梁和次梁底部有垫层，计算模板面积的时候需要扣除与垫层的计算面积，需要自己在套定额界面修改扣减规则。扣减规则—模板面积—设置扣减项—勾选"扣垫层"，扣垫层则会出现在"扣减项目、增加项目"中，双击使其进入"已选择项目"，然后"确定"即可。

8.3.3 垫层及土方

8.3.3.1 垫层

根据基础图分析，垫层均为 100mm 厚,外伸长度为 100mm。

首先定义独立垫层，厚度 100，外伸长度为 100，如图 8-46 所示；套定额是注意其计算代码选择 TJ1 和 DC1，如图 8-47 所示。

图 8-46

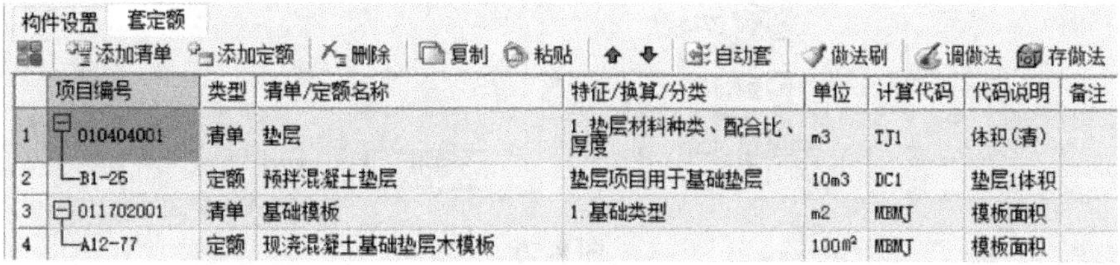

	项目编号	类型	清单/定额名称	特征/换算/分类	单位	计算代码	代码说明	备注
1	010404001	清单	垫层	1.垫层材料种类、配合比、厚度	m3	TJ1	体积(清)	
2	B1-25	定额	预拌混凝土垫层	垫层项目用于基础垫层	10m3	DC1	垫层1体积	
3	011702001	清单	基础模板	1.基础类型	m2	MBMJ	模板面积	
4	A12-77	定额	现浇混凝土基础垫层木模板		100m²	MBMJ	模板面积	

图 8-47

布置方法很简单，点击"智能布置垫层"，在弹出的窗口（图 8-48）中勾选参数构件，自动布置，点击"确认"即可。

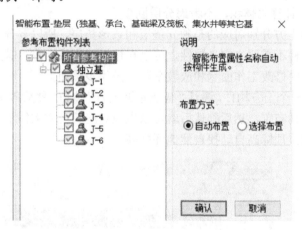

图 8-48

定义条形垫层，厚度 100，外伸长度为 100，如图 8-49 所示；套定额是注意其计算代码选择 TJ1 和 DC1，同独立垫层。标高和垫层宽度可以按默认处理，在后面智能布置时，会根据基础的尺寸自动生成对应高度及宽度的垫层。

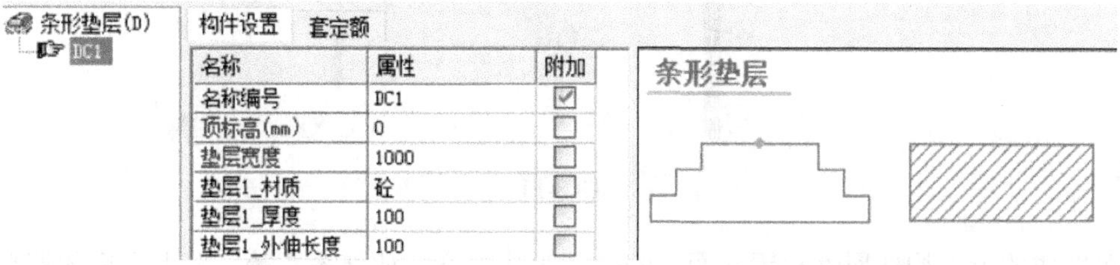

名称	属性	附加
名称编号	DC1	☑
顶标高(mm)	0	☐
垫层宽度	1000	☐
垫层1_材质	砼	☐
垫层1_厚度	100	☐
垫层1_外伸长度	100	☐

图 8-49

布置方法很简单，点击"智能布置垫层"，在弹出的窗口（图 8-50）中勾选参数构件，自动布置，点击"确认"即可。

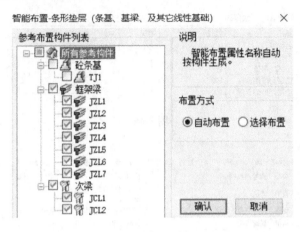

图 8-50

8.3.3.2　土方

土方涉及工作面、放坡情况、回填土的选择及厚度，这些都是要在施工组织设计中说明的。在练习工程中土方采用基坑土方与基槽土方，放坡系数按照软件默认的处理，工作面宽为 300mm；回填土只计算总体积，不考虑分层回填。

基坑土方与基槽土方分别对应的是独立垫层和条形垫层，所以要分开布置。这里需要说明的一点是，土方构件不需要先定义属性，可以直接智能生成土方，等生成对应尺寸的土方构件之后，在其属性中修改工作面宽和放坡系数，操作步骤如下。

首先，任意添加一个土方构件，激活"智能布置土方"按钮，然后再弹出的窗口（图 8-51）中勾选独立垫层，自动布置，然后确认后就可以生成对应的土方构件了，土方构件底标高与独立垫层底标高相同，顶标高自动找自然地坪标高。

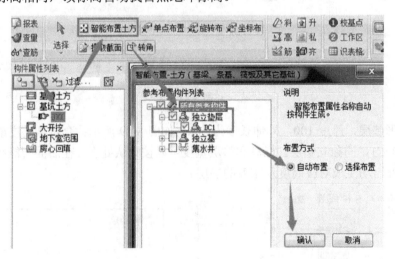

图 8-51

在生成的土方构件属性设置界面，修改其工作面宽、放坡系数等，套上合适的清单定额就完成了（如图 8-52）。

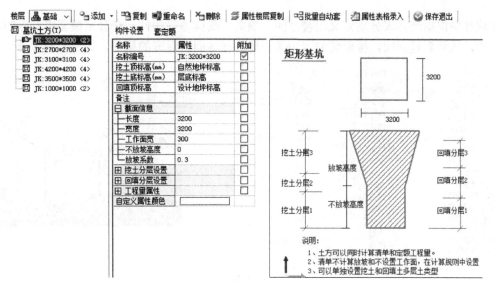

图 8-52

基槽土方的布置与修改参照基坑土方。以上操作均完成之后基础部分的内容也就完成了。如图 8-53 所示。

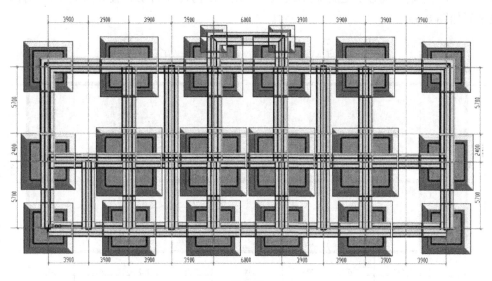

图 8-53

8.4 装饰

8.4.1 室内装修

室内装修部分一般是以房间为单位进行布置，房间是布置在墙体中心线围成的封闭区域中，所以再次强调，绘制墙体时使其中心线闭合。

以首层装修构件为例，首先看室内装修定义方法。建筑说明图纸中有详细的装修表，需要在软件中根据装修表分别定义出楼地面、墙面、踢脚等等构件。在套定额套用对应的清单定额项，然后新建房间，按照装修表相关描述选择房间所对应的构件，如图 8-54 所示。

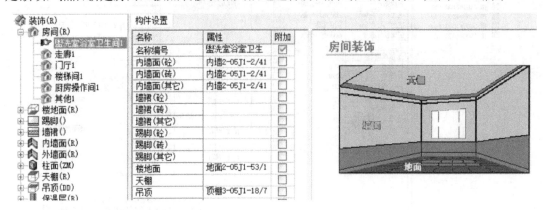

图 8-54

布置房间的方法主要有两种。第一种为"点击"布置，在构件属性列表中选择房间构件，在绘图区域对应的位置按照图纸内容直接点击上去；第二种方法是可以"直接画线"或"矩形布置"，用这个功能可以自己绘制房间范围，在范围内可以自动布置地面墙面等构件。布置完成之后如图 8-55。

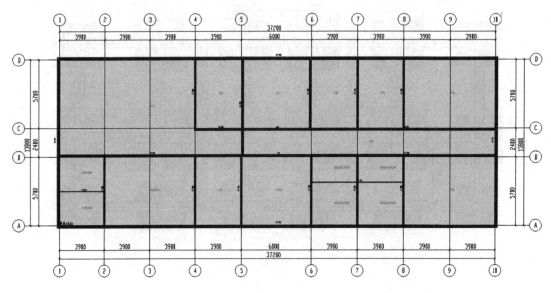

图 8-55

提示：在首层布置门厅或走廊时会发现，门厅和走廊之间没有构件将其分割开，导致房间布置范围不对，遇到这种情况可以使用虚墙分割区域，虚墙不参与工程量的计算，不参与扣减，但是定义时，其厚度最好和与之连接的墙体厚度相同，因为需要使其中心线闭合。

楼梯间的特殊处理：首层楼梯间有墙面、楼地面等，不需要设置天棚；顶层楼梯间有墙面、顶棚等，没有地面；中间层有墙面等，没有地面没有顶棚。这个是因为楼梯间的地面与顶棚都在楼梯构件中输出工程量，具体操作参照楼梯的相关章节。

8.4.2　室外装修

8.4.2.1　保温

图纸中保温厚度为 30mm 厚，按图定义好保温层，套用对应清单定额项目，如图 8-56 所示。

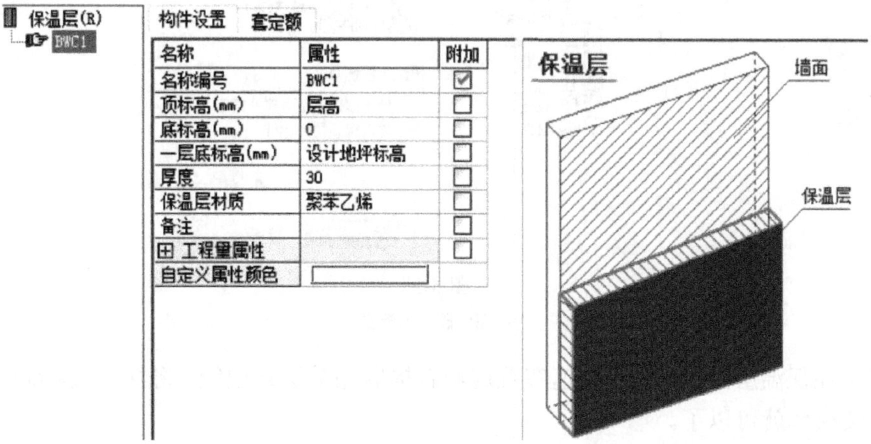

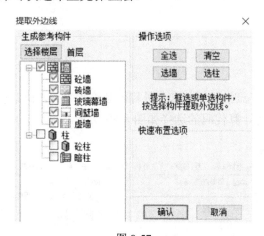

图 8-56

在绘图区域，使用命令"按外布置"，在弹出的窗口（图 8-57）中勾选参数构件，练习工程中需要把墙和柱都勾选，然后点"确认"。拉框选择所有构件，必须保证墙柱全部显示且被选中，然后点击右键即可快速布置完保温层。

图 8-57

注：图中砼应为混凝土

8.4.2.2　外墙面

外墙面的操作方法和保温层类似，先定义再布置。外墙面布置有两种情况，贴墙布置和保温层外侧布置。

如果是贴墙布置，在按外墙布置的窗口（如图 8-58）中，则勾选墙和柱，之后"确认"，在弹出的小窗口中选择不同材质墙体对应的墙面，然后拉框选择所有构件，要保证所有的墙柱构件全部显示且被选中要保证保温层全部显示且被选中，然后点右键确认选择即可快速布置外墙面，哪段的墙面需要变动，可以用构件替换功能进行调整。

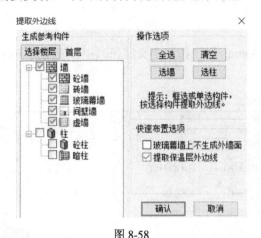

图 8-58

注：图中砼应为混凝土

如果是在保温层外侧布置，快速布置选项有提取保温层外边线，将其勾选，点击"确认"，再进行后续操作就可以了。

8.5 建筑面积

量筋合一软件中，建筑面积是单独的一个构件，"提取墙外边线布置"，按照建筑面积计算规则的相关规定，勾选参数构件，拉框选择对应构件形成封闭区域，右键确认选择即可生成建筑面积。

8.6 脚手架

在 2012 定额中涉及了砌筑脚手架和内外墙面装饰脚手架，砌筑脚手架可以在砖墙中直接套用脚手架定额，重点是计算代码的选择如图 8-59 所示。

图 8-59

内墙面装饰脚手架套用脚手架定额要看当前工程适用何种脚手架，练习工程中采用内墙面装饰脚手架采用满堂脚手架，如图 8-60 所示。需要注意的是满堂脚手架需要在天棚构件中套用。

	项目编号	类型	清单/定额名称	特征/换算/分类	单位	计算代码	代码说明	备注
1	011301001	清单	天棚抹灰	1.基层类型 2.抹灰厚度、材料种类 3.砂浆配合比	m2	MHMJ	抹灰面积	
2	B3-1	定额	天棚抹灰，混凝土石灰砂浆		100m²	MHMJ	抹灰面积	
3	011701006	清单	满堂脚手架	1.搭设方式 2.搭设高度 3.脚手架材质	m2	JSJ	满堂脚手架	
4	B7-15	定额	满堂脚手架(高度在5.2m以内)		100m²	JSJ	满堂脚手架	

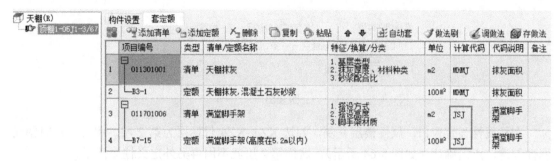

图 8-60

外墙面装饰脚手架有两种处理方法。

（1）在外墙面中套用外墙面装饰脚手架的相关清单定额。

（2）在外墙外侧布置脚手架构件“按墙外边线布置”，在脚手架中套用相关的清单定额（图 8-61），布置后的脚手架效果如图 8-62 所示。

	项目编号	类型	清单/定额名称	特征/换算/分类	单位	计算代码	代码说明	备注
1	011701002	清单	外脚手架	1.搭设方式 2.搭设高度 3.脚手架材质	m2	LMMJ	立面面积	
2	A11-6	定额	双排外墙脚手架(外墙高度在15m以内)		100m²	LMMJ	立面面积	

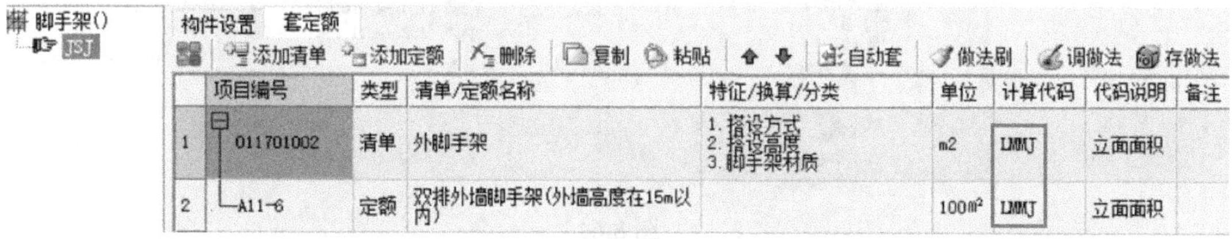

图 8-61

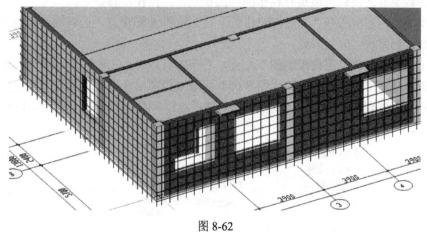

图 8-62

8.7　二层 CAD 识别构件

8.7.1　识别柱

首先使用 CAD 或者“加载目录”功能导入 CAD 图纸。

在练习工程中，框柱表不能进行识别，所以需要自己定义构件。根据柱模板配筋图中框架柱表的信息二层的柱与首层属性基本相同，所以可以将首层柱属性复制到二层。复制之前先把软件自带的属性删除，方法是在“构件属性列表”点右键，选择“删除没有使用属性（多选）”，在弹出的窗口（图 8-63）中勾选需要删除的属性，点击确认即可。

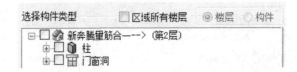

图 8-63

在柱属性设置窗口，属性楼层复制，勾选 **KZ1~KZ4** 目标层为第 2 层，将过滤没有图元属性勾选，点击确认（如图 8-64 所示），这样第 2 层就不用再另外定义柱属性了。

【注意事项】KZ3 两个楼层的钢筋信息不同，需要在 2 层柱属性设置中单独调整一下。

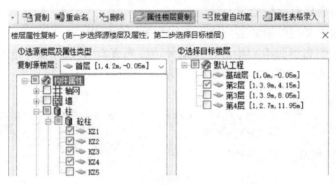

图 8-64

柱构件定义好之后就可以进行柱平面图的识别了，操作步骤如下。

（1）校基点，左键选择"二层柱配筋图"的 1 轴和 A 轴交点，点右键确认选择，选中的交点自动定位到原点（0，0）处。

（2）工作区，在"二层柱配筋图"左上、右下两点点击，工作区只选中该图范围。

（3）识别柱，根据弹出的窗口（图 8-65）提取对应图层。可查看提取边线是否完整，没问题可点右键结束查看命令回到识别柱窗口，然后点击"识别柱构件及钢筋"，这样柱构件就识别完成了。

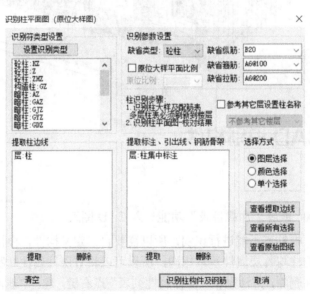

图 8-65

8.7.2　识别梁

切换至"梁模板配筋图",识别梁的操作步骤如下。

(1)校基点,左键选择"二层梁配筋图"的 1 轴和 A 轴交点,点右键确认选择,选中的交点自动定位到原点(0,0)处。

(2)工作区,在"二层梁配筋图"左上,右下两点点击,工作区只选中该图范围;

(3)识别梁,根据弹出的窗口(图 8-66)提取对应图层。可查看提取边线是否完整,没问题可点右键结束查看命令回到识别梁窗口,然后点击"识别梁构件及钢筋"。这样梁构件就识别完成了。

图 8-66

8.7.3　识别板

切换至"板模板配筋图",识别板的操作步骤如下:

(1)校基点,左键选择"二层板配筋图"的 1 轴和 A 轴交点,点右键确认选择,选中的交点自动定位到原点(0,0)处。

(2)工作区,在"二层板配筋图"左上、右下两点点击,工作区只选中该图范围。

(3)识别板,根据弹出的窗口(图 8-67)提取对应图层。右键结束查看命令回到识别板窗口,然后点击"识别转换",这样板构件就识别完成了。

(4)识板筋,提取板筋边线及标注的图层,右键确认回到"板钢筋识别"窗口,可以点击"查看板筋选择"来查看提取的图层。另外,本工程板筋图中钢筋编号,需要在窗口中点击"自动识别标注符号",在窗口右侧显示出来对应的编号和钢筋信息,还需要将其中"支座钢筋"和"跨板面筋"的"左支座"和"右支座"信息进行输入,如图 8-68,点击"识别板筋"完成操作。

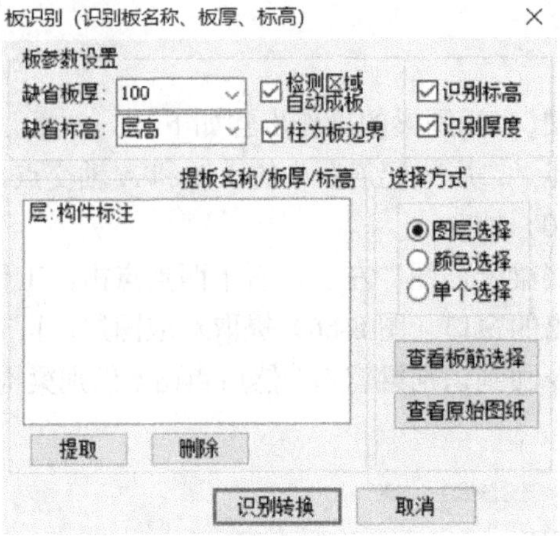

图 8-67

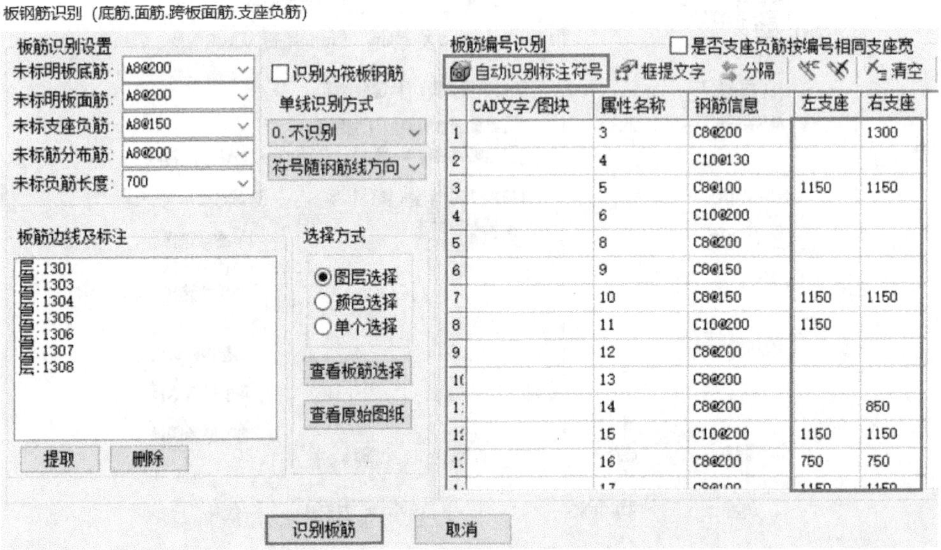

图 8-68

识别出的板筋只分布在有板筋线的板范围内，还需要在绘图区域逐个与图纸对照一下，有问题的单独调整。对于没有板筋线的板区域，需要根据图纸说明将钢筋补齐，这样才算完成整层板筋的布置工作。

对于支座钢筋和跨板面筋的起算位置，由于在一层板筋布置时已在钢筋计算设置中进行修改，此处就不需要再次修改了。

8.7.4 识别墙和门窗

识别墙体之前需要先识别门窗表，打开建筑说明找到门窗表。

点击"识别门窗表"，点击"框选识别区域"，在图纸上框选门窗表，在表格中检查"识别结果表"中的数据，和图纸一致的话就可以点击"应用表格提取"（如图 8-69），门窗构件的属性就自动生成了。

门窗构件识别之后，按照图纸建筑说明或立面剖面图修改其离地高度。

图 8-69

识别墙的操作步骤如下。

（1）切换 CAD 图至建筑平面图，校基点，左键选择"二层平面图"的 1 轴和 A 轴交点，点右键确认选择，选中的交点自动定位到原点（0,0）处。

（2）工作区，在"二层平面图"左上，右下两点点击，工作区只选中该图范围。

（3）识别墙，根据弹出的窗口（图 8-70）提取对应图层。可查看提取边线是否完整，没问题可点右键结束查看命令回到识别墙窗口，然后点击"识别砌体墙及门窗洞"。这样砌体墙及门窗洞就识别完成了。

图 8-70

（4）识别完成之后，检查识别出来的门窗洞数量，检查墙体是否和图纸上一致，个别需要打断删除多余的，或者是进行延伸等。需要注意的一点是，可以把柱隐藏起来，检查墙体，一定要保证墙体中心线闭合。

完成上述操作后，第 2 层能识别的构件就已经完成了。之后就是构造柱、圈梁、过梁、装修等构件的绘制。

第三层的构件可以使用复制、手绘、CAD 识别等操作，用熟练的操作尽快地完成工程的绘制。

8.8 屋顶层图形建模

女儿墙厚度 100、高度 600，混凝土材质的女儿墙，可以用混凝土墙定义，如图 8-71 所示。绘制的时候要注意墙的位置，墙外边线距离轴线为 825mm。

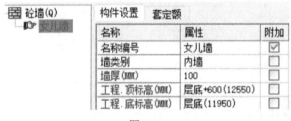

图 8-71

8.9 计算结果的查看

（1）单个构件或某层多个构件工程量或钢筋量的查看可以实时查看不需要绘制计算，选中构件，点击"查量"，就可以查看工程量（图 8-72）。即使没有套定额也可以在计算变量界面可以查看。

如果要查看该墙体的清单定额量，可以点到做法工程量汇总表界面查看。

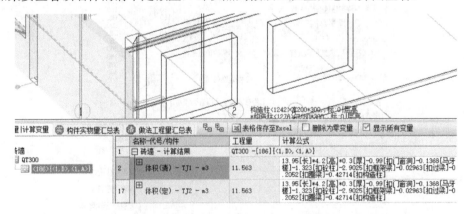

图 8-72

（2）选中构件，点击"查筋"可以查看钢筋的详细计算式（如图 8-73 所示）。

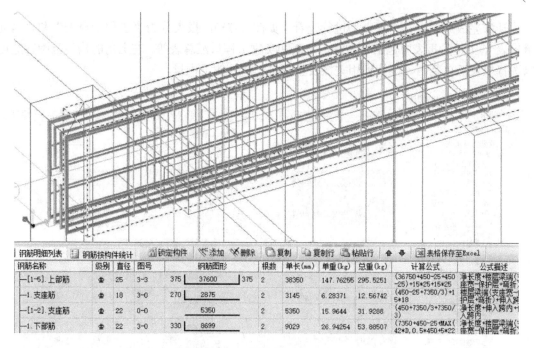

图 8-73

（3）看工程总量，需要进行汇总计算（如图 8-74），进入报表界面查看。

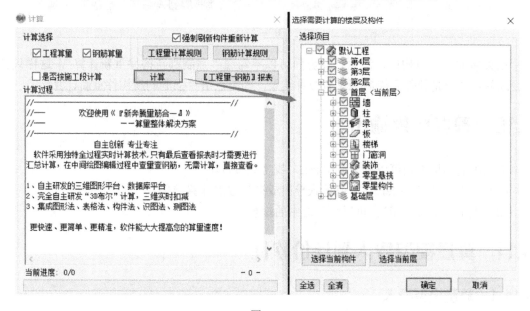

图 8-74

【注意事项】

1）在绘制构件的过程中尽可能细心认真，需要注意的地方要着重检查，例如：墙、梁绘制时使其中心线闭合等。

2）在每层构件布置完成后，要使用"合法性检查"功能，检查没有套用做法的构件，或者梁标注为空的情况等有问题的情况。最后确定不存在问题了再点击"汇总计算"。

计算完成后，点开"报表"进行查看（如图 8-75），报表分为"工程量报表"和"钢筋量报表"，工程量报表中包括了做法汇总表和实物工程量汇总表等，左上角的构件范围筛选可以选择报表汇总范围，再找到相关报表查找自己想要的工程量。

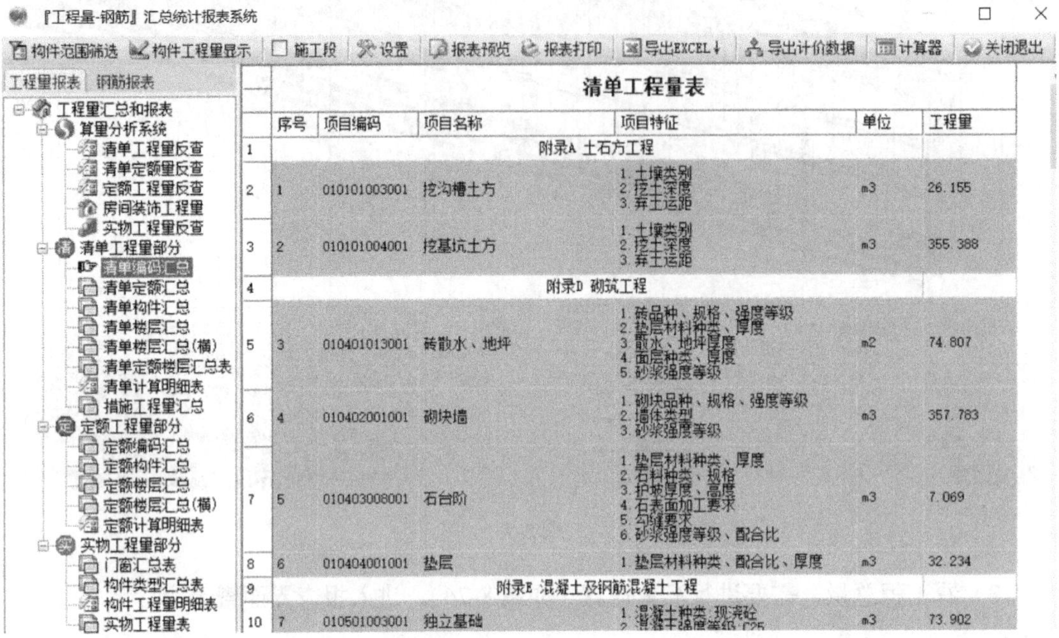

图 8-75

如果后期有变更构件，汇总计算界面可以不勾选"强制刷新构件重新计算"，这样只计算变动的；如果是软件升级后想重新查看结果，则需点击"强制刷新构件重新计算"。

8.10 算量结果输出

汇总出的结果报表可以导出到 Excel，或者直接打印。

（1）点击"导出 Excel"，可以单张导出或批量导出计算结果。

（2）点击"报表打印"，可以打印选中的报表。

8.11 算量模型导入到计价软件

8.11.1 算量模型导入

打开新奔腾计价软件 PT2018，新建工程到最后一步选择"从算量文件中导入数据"（图 8-76）。

选择已做好的算量工程文件，按软件提示操作（图 8-77），点击"完成"，这样算量数据及图形就导入新奔腾计价软件中了。

导入到计价软件中之后，可以看到配比已经进行了相应的换算，还需要对清单定额项目进行检查和调整，后续需要进行的还包括人材机价格调整、费率调整等其他计价工作。

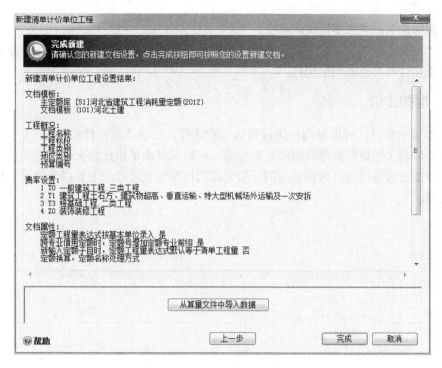

图 8-76

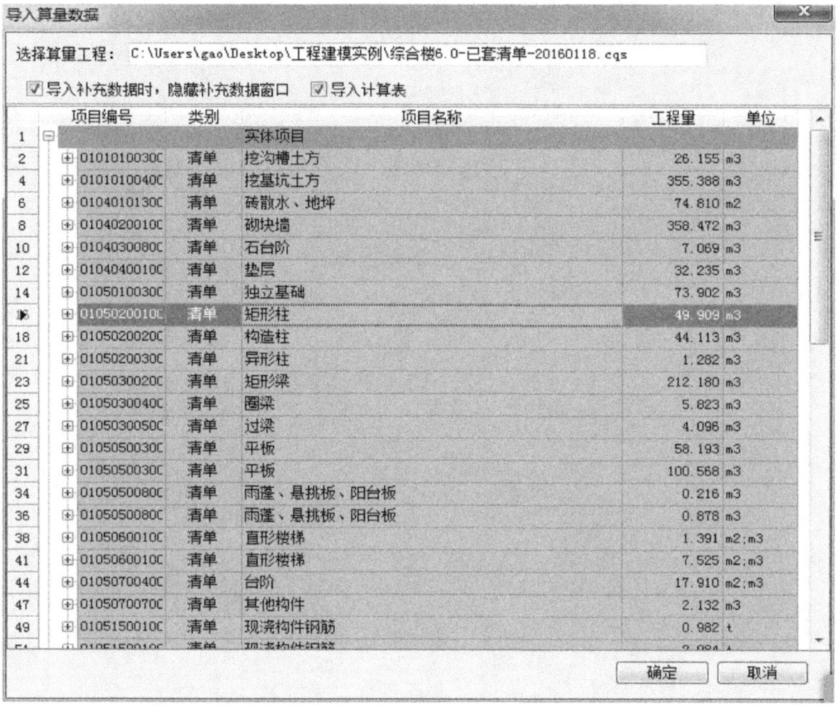

图 8-77

8.11.2 数据定位至图形

将量筋合一工程文件导入计价软中,不止导入了清单定额项目,算量软件中的计算公式以及对应图形也关联进入了计价软件中。

打开"浏览"中的"即时定位"功能，此时再点击清单行或定额行，在图形显示窗口会显示鼠标所在行相对应的图形构件。

8.11.3 框图出价

在图形显示窗口，可以对构件进行筛选或者选择，点击"按构件组价"，会生成一份新的计价文件，其工作量与所选择图形是对应的，同时又继承了原计价文件中的相关调整、材料价格、费率设置等内容。这就是我们一般来说的框图出价功能，主要用于阶段工程量统计及计价工作。

附 录

附表 1　常用快捷键

F1	打开软件帮助系统
F2	精确定位：门、窗、洞等定位距离
F3	改变附墙构件的开启方向
F4	切换构件的定位点（左中右切换）
F5	快速选择查找构件（弹出"搜索"对话框）
F6	选择操作构件类型（对于显示的构件默认为当前构件）
F7	弹出"选择 CAD 图纸"对话框
F8	提取光标位置构件属性
F9	弹出"属性设置"对话框
F10	工程设置（Ctrl+F10 切换楼层）
F11	图层显示器（Ctrl+F11 全屏显示）
F12	捕捉设置

附表 2　鼠标【滚轮】

①	滚动鼠标滚轮可缩放图形
②	按住鼠标滚轮可移动图形
③	双击鼠标滚轮可全图满屏显示

附表 3　鼠标【左键】

①	在<<空>>操作状态下，按住鼠标左键可选择图形
②	画图时，单击鼠标左键可确认定位点
③	画面构件时，同时按下【Ctrl 键+鼠标左键】可退回到上一个定位点，可多次回退
④	画图时，同时按下【Shift 键+鼠标左键】可在非轴线交点处自由定位
⑤	画面构件时，画线/画弧完成后，必须按鼠标【右键】才能确定<多边形自动封闭>

附表 4　鼠标【右键】

①	单击鼠标右键可提取鼠标所指窗口菜单
②	左键画线/画弧完成，需单击鼠标右键确定

附表5　键盘操作

键盘	【→←↑↓】	上下左右移动图形，+Ctrl，空间旋转
键盘	【Pgup】	放大图形
键盘	【Pgdn】	缩小图形
键盘	【Home】	默认图层显示
键盘	【End】	全部图层显示
键盘	【Insert】	全图满屏显示，同鼠标滚轮双击
键盘	【Delete】	删除选中构件图元

附表6　键盘【Esc】

①	清除选择
②	回退到<<空>>操作状态

附表7　键盘【Ctrl】

①	按下【Ctrl键+鼠标左键】可在非轴线交点处自由定位轴网和点构件
②	画面构件时，同时按下【Ctrl键+鼠标左键】可退回到上一个定位点，可多次回退
③	按下【Ctrl键+F8键】属性替换
④	按下【Ctrl键+F10键】切换楼层
⑤	按下【Ctrl键+F11键】全屏操作
键盘【Ctrl+A】	全（选）图形，即选中当前构件全部图元
键盘【Ctrl+Shift_Z】	撤消操作
键盘【Ctrl+Shift_U】	恢复操作
键盘【Ctrl+构件字符】	构件工具栏快速切换到对应的构件面板
键盘【构件字符】	显示/隐藏对应的构件图元

附表8　键盘【Shift】

按下【Shift键+鼠标左键】可在非轴线交点处自由定位

附表9　键盘【ALT】窗口操作

①	自动进入三维旋转，按键弹起退出旋转
②	【ALT+2】：进入二维平面状态
③	【ALT+3】：进入三维平面状态
④	【ALT+4】：进入整楼操作界面
⑤	【ALT+7】：窗口显示命令
⑥	【ALT+0】：选择全显命令